女人代谢好，肌肤更年轻

熊瑛◎主编

黑龙江出版集团
黑龙江科学技术出版社

图书在版编目（CIP）数据

女人代谢好，肌肤更年轻 / 熊瑛主编. -- 哈尔滨：黑龙江科学技术出版社，2016.11
ISBN 978-7-5388-8964-2

Ⅰ.①女… Ⅱ.①熊… Ⅲ.①代谢－关系－皮肤－护理 Ⅳ.①Q493.1②TS974.11

中国版本图书馆CIP数据核字(2016)第223793号

女人代谢好，肌肤更年轻

NÜREN DAIXIE HAO,JIFU GENG NIANQING

主　　编　熊瑛
责任编辑　徐洋
摄影摄像　深圳市金版文化发展股份有限公司
策划编辑　深圳市金版文化发展股份有限公司
封面设计　深圳市金版文化发展股份有限公司
出　　版　黑龙江科学技术出版社
地址：哈尔滨市南岗区建设街41号　邮编：150001
电话：（0451）53642106　传真：（0451）53642143
网址：www.lkcbs.cn　www.lkpub.cn
发　　行　全国新华书店
印　　刷　深圳市雅佳图印刷有限公司
开　　本　723 mm×1020 mm　1/16
印　　张　12
字　　数　200 千字
版　　次　2016年11月第1版
印　　次　2016年11月第1次印刷
书　　号　ISBN 978-7-5388-8964-2
定　　价　36.80元

Contents ／目录

Part1 通识篇：新陈代谢好，肌肤更美丽

Part2 运动篇：提升代谢力的运动疗法

Part3 理疗篇：提升代谢力的物理疗法

Part4 饮食篇：提升代谢力的饮食疗法

Part5 睡眠篇：提升代谢力的睡眠疗法

Part 1

通识篇：
新陈代谢好，肌肤更美丽

我们的身体状况会反映在肌肤上，
代谢不好会导致色素沉积，
形成色斑、黑眼圈，
影响我们的肌肤形象。
所以要想肌肤靓丽，
首先要保证身体的代谢情况良好。

认识新陈代谢

新陈代谢是人体维持生命活动的基本条件。人体所表现出来的生长、发育、生育、遗传和变异等特征，都是以新陈代谢为基础的。只有及时排出体内代谢产生的毒素，保持体内环境的清洁，才能使身体健康、肌肤美丽。

什么是新陈代谢

任何活着的生物都必须不断地吃进东西，不断地积累能量，还必须不断地排泄废物，不断地消耗能量。这种生物体内同外界不断进行的物质和能量交换的过程，就是新陈代谢。新陈代谢是生命现象的最基本特征，是生物进行生长、发育、生殖等一系列生理活动的基础。新陈代谢包括合成代谢（同化作用）和分解代谢（异化作用）。

合成代谢（同化作用）

合成代谢又称为同化作用，是指生物体把从外界环境中获取的营养物质转变成自身的组成物质，并且储存能量的变化过程。人和动物吃了外界的物质（食物）以后，通过消化、吸收，把可利用的物质转化、合成为自身的组成物质，同时把食物转化过程中释放出来的能量储存起来，这就是同化作用。

分解代谢（异化作用）

分解代谢又称为异化作用，是指生物体能够把自身的一部分组成物质加以分解，释放出其中的能量，并且把分解的最终产物排出体外的变化过程。异化作用是在同化作用进行的同时，生物体自身的物质不断地分解变化，并把储存的能量释放出去，供生命活动使用，同时把不需要和不能利用的物质排出体外。

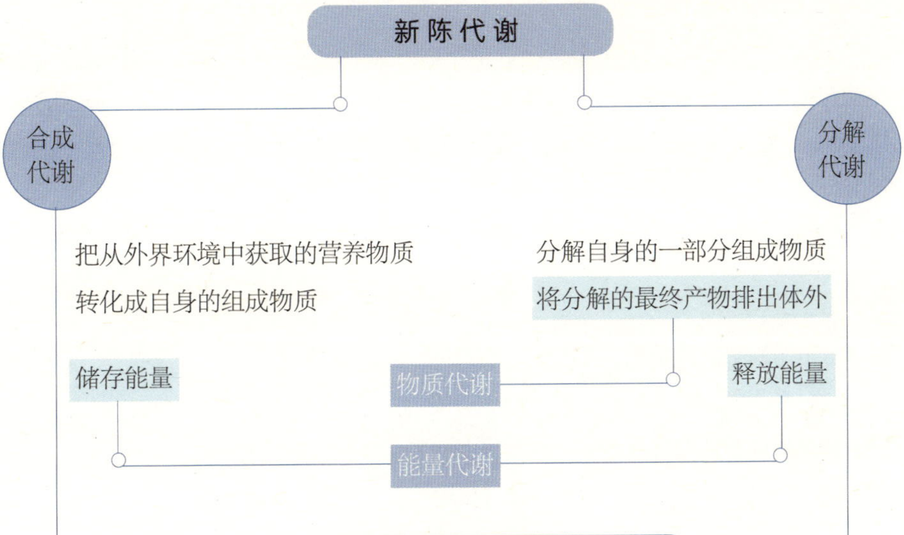

新陈代谢组成示意图

简单来说，同化作用就是把非己变成自己；异化作用正好相反，是把自己变成非己。同化作用是把消化后的营养重新组合，形成有机物和贮存能量的过程；异化作用则是把自己体内的物质变成其他物质，然后释放能量，并将分解的最终产物排到外界。

新陈代谢包括物质代谢和能量代谢两个方面

物质代谢 物质代谢是指生物体与外界环境之间物质的交换和生物体内物质的转变过程。

能量代谢 能量代谢是指生物体与外界环境之间能量的交换和生物体内能量的转变过程。

新陈代谢对人体的作用

人体新陈代谢的过程，是指人体与外界环境物质和能量的交换以及自身物质和能量的转换。新陈代谢是人体维持生命活动的基本条件，是生命的基本特征。人体所表现出来的生长、发育、生育、遗传和变异等特征，都是以新陈代谢为基础的。如果新陈代谢一旦停止，生命就失去了存在的条件。

- □ 从周围环境中获得营养物质。
- □ 将外界引入的营养物质转变为自身需要的结构元件，即大分子的组成前体。
- □ 将结构元件装配成自身的大分子，例如蛋白质、核酸、脂质等。
- □ 分解有机营养物质。
- □ 提供生命活动所需的一切能量。

影响新陈代谢的因素

新陈代谢是在无知觉的情况下时刻不停地进行的体内活动，包括呼吸、心跳、保持体温等。新陈代谢主要受以下因素影响：

01 年龄

各种生物的新陈代谢在生长、发育和衰老阶段都是不同的。幼婴儿、青少年正在长身体的过程中，需要更多的物质来建造自身的机体，因此新陈代谢旺盛，同化作用占主导位置。到了老年、晚年，人体机能日趋退化，新陈代谢也就逐渐变慢，异化作用占主导位置。可以说，一个人越年轻，新陈代谢的速度就越快，在婴幼儿和青少年时期，人体的新陈代谢速度特别快。

02 体型

身体表皮面积越大，新陈代谢就越快。两个体重相同但体积不同的人，个子矮的会比个子高的新陈代谢慢一些。高个子的人由于表皮面积大，身体散热快，所以需要加快新陈代谢的速度而产生热量。

03 性别

一般来说，男性的新陈代谢速度比女性快，这是由于男性身体里的肌肉组织比例更多。

肌肉是力量源泉，脂肪是耐力的象征，脂肪多的人肌肉比例会少一些，反之肌肉多的人脂肪比例会少一些。一般没有经过特殊训练的男性的肌肉比例大概在40% ~ 60%，女性的肌肉比例大概在30% ~ 50%。即使在人休息的时候，肌肉组织也在活动，而脂肪组织却不活动。

在使糖类和脂肪氧化的过程中，需要消耗大量的热量。男性身上脂肪少肌肉多，而女性身上肌肉少脂肪多，因此男性的新陈代谢较快，女性的新陈代谢较慢。由于男性消耗的热量通常多于女性，所以男性的体表要比女性的温暖一些。男性要是减肥瘦身，效果也会比女性明显得多。

04 运动

人体内的肌肉组织越多，就越能燃烧更多的热量，从而使新陈代谢加快。然而，人在30岁以后，肌肉就会逐渐消失，导致新陈代谢速度减慢。因此，想要维持良好的代谢速度，就必须坚持锻炼，以维持日渐减少的肌肉量。

运动能使人的新陈代谢旺盛，可以对消化系统起到良好的按摩作用，促进消化液的分泌和胃肠的蠕动，使更多的营养物质被吸收并输送到身体各个部位。通过肌肉的收缩与舒张，血液循环加快，血液通过肌肉的流量就会增多，肌肉获得的氧气及营养也会增加，肌纤维就这样在锻炼中逐渐粗壮起来。

提升运动的质与量是加快新陈代谢最直接、最快速的方法，并且至少要达到每周3次、每次30分钟、运动后每分钟心跳达130下以上，这样才有助于身体健康。运动除了可以帮助人体消耗热量、减轻体重，更大的好处在于，运动后能将氧气输送到全身各个部位，大大提高新陈代谢率，有效燃烧脂肪，效果还会持续数个小时之久。

05 温度

环境温度对新陈代谢有着明显的影响。在舒适的环境（20～25℃）中，代谢最慢；在低温和高温环境中，代谢都会加快。环境温度过低，可能会引起不同程度的颤抖而促使代谢加快；环境温度较高，人体因为散热需要出汗，呼吸及心跳加快，所以促使代谢加快。

实验证明，当环境温度低于20℃时，代谢率开始有所增加，在10℃以下，代谢率便显著增加。环境温度低时代谢率增加，主要是寒冷刺激反射性地引起寒颤以及肌肉紧张增强所致。在20～30℃时代谢稳定，主要是肌肉松驰的结果。当环境温度达到30～45℃时，代谢率又会逐渐增加，这主要是体内化学过程的反应速度有所增加的缘故，另外还有发汗功能旺盛及呼吸、循环功能增强等因素的作用。

值得注意的是，女性皮肤里的“传感器”比男性身上的灵敏，会更快地把“冷”的信息传递到大脑。大脑接收到“冷”这个信息后，会立即下令新陈代谢系统加速工作，接着命令血液循环系统退守到“第二防线”，即从皮肤、四肢退守到躯干，这就是人们感到手脚冰凉的原因。当气温下降到人体难以承受的程度时，新陈代谢的速度就会加快，血液循环退守的速度也会更快。

参与新陈代谢的人体系统

人体的八大系统中，参与新陈代谢的系统有呼吸系统、消化系统、循环系统和泌尿系统。其实，不是说其他系统与人体的新陈代谢没有关系，只是从西医的角度看，其他系统不直接参与人体的正常生命维持。如果从中医的角度看，人体所有的器官组织都和新陈代谢息息相关。

呼吸系统

呼吸系统是执行机体和外界进行气体交换的器官的总称。呼吸系统的主要功能是与外界进行气体交换，呼出二氧化碳（CO_2），吸进氧气（O_2），进行新陈代谢。呼吸系统包括呼吸道（鼻腔、咽、喉、气管、支气管）和肺，是气体进出肺的通道。机体与外界环境之间的气体交换过程，称为呼吸。通过呼吸，机体从大气摄取新陈代谢所需要的 O_2，并排出所产生的 CO_2。因此，呼吸是维持人体新陈代谢和其他功能活动所必需的基本生理过程之一，一旦呼吸停止，生命也就终结了。

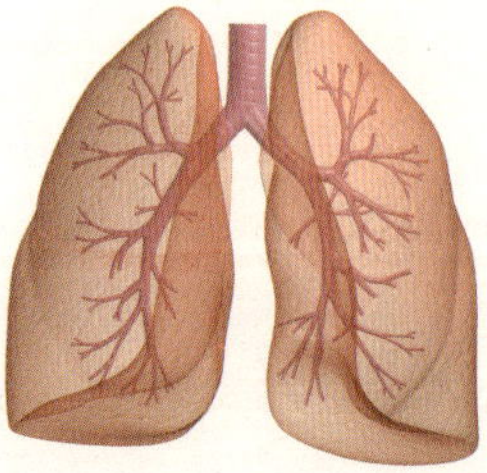

消化系统

消化系统由消化道和消化腺两部分组成。消化道包括口腔、咽、食管、胃、小肠、大肠、直肠和肛门，还包括一些消化道外的器官——胰腺、肝脏和胆囊。肠道是人体最大的消化器官，参与了人体的消化、吸收与排泄。消化腺有小消化腺和大消化腺两种。小消化腺分布在消化管各部的管壁内；大消化腺有三对唾液腺（腮腺、下颌下腺、舌下腺）、肝和胰。

消化系统的基本生理功能是摄取、转运、消化食物和吸收营养、排泄废物，这些生理过程的完成有利于整个胃肠道协调的生理活动。食物的消化和吸收，供给人体所需的物质和能量。食物中的营养物质，除维生素、水和无机盐可被直接吸收利用外，蛋白质、脂肪和糖类等物质均不能被人体直接吸收利用，需要在消化管内被分解为结构简单的小分子物质，才能被吸收利用。食物在消化管内被分解成结构简单、可被吸收的小分子物质的过程称为消化。这种小分子物质透过消化管黏膜上皮细胞进入血液和淋巴液的过程就是吸收。对于未被吸收的残渣部分，消化道则通过大肠以粪便的形式排出体外。

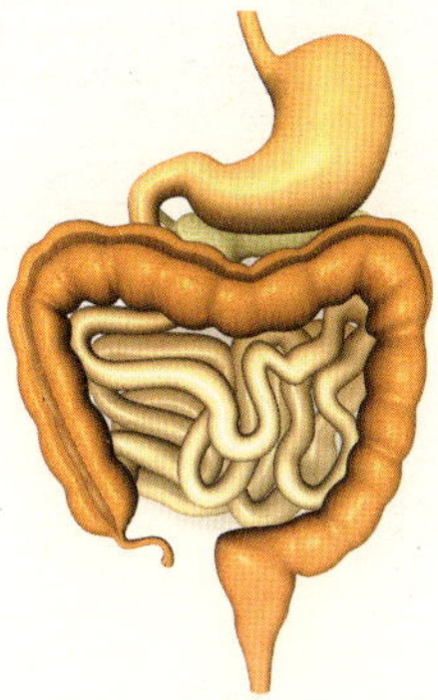

循环系统

循环系统是生物体的细胞外液（包括血浆、淋巴和组织液）及其借以循环流动的管道组成的系统。循环系统是人体的运输系统，它将呼吸器官得到的氧气、消化器官获取的营养物质、内分泌腺分泌的激素等运输到身体各组织细胞，又将身体各组织细胞的代谢产物运输到具有排泄功能的器官，排出体外。此外循环系统还具有免疫和维持体温的恒定的作用。

泌尿系统

泌尿系统由肾脏、输尿管、膀胱及尿道组成，其主要功能是排泄。排泄是指人体代谢过程中所产生的各种不为人体利用或者有害的物质，向体外输送的生理过程。被排出的物质一部分是营养物质的代谢产物，另一部分是衰老的细胞破坏时所形成的废物。此外，排泄物中还包括一些随食物摄入的多余物质，如多余的水、无机盐和蛋白质等。

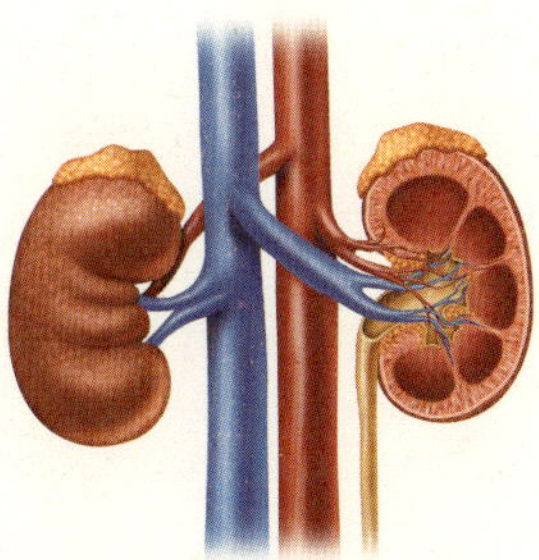

新陈代谢离不开排泄

生物代谢产生的废物必须排出体外，否则将破坏内环境的稳定，导致中毒。人体新陈代谢过程中产生的最终产物和人体不需要或过剩的物质，经过血液循环由某些器官排出体外，这就是排泄。糖、脂肪在代谢过程中完全氧化成水和二氧化碳。氨基酸在代谢过程中脱去氨基后，所余碳链也氧化成水和二氧化碳；氨基进而转化为氨、尿素或尿酸。二氧化碳通过呼吸器官（肺）排出体外。多余的水和含氮化合物（氨、尿素、尿酸）的排出主要是通过排泄器官来实现的。

人体的主要排泄器官是肾（排出尿液）和大肠（排出固体废物）。皮肤及肺部皆有排泄的功能。皮肤以流汗的方式排走水分及盐，肺部则排出水蒸气及二氧化碳。其中二氧化碳为人体最主要的代谢废物。

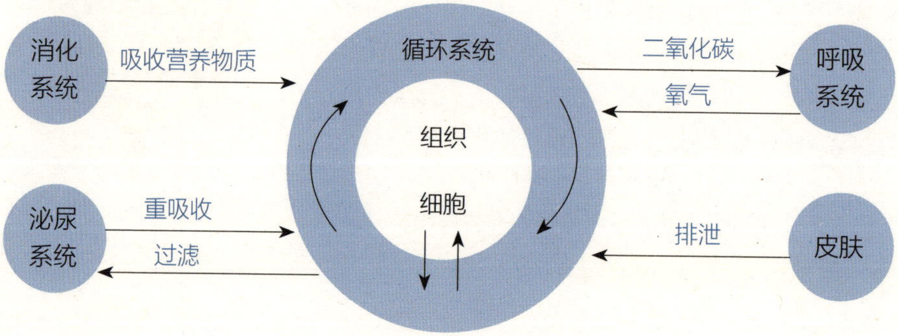

人体新陈代谢过程示意图

新陈代谢紊乱的 11 个警讯

毒素是人体新陈代谢后产生的废物，如粪便、二氧化碳、重金属、自由基等。人体的排毒能力会随着年龄的增长而逐渐减弱。如果体内毒素长时间不清理，不仅会降低身体免疫力，还会加速衰老。

不健康的生活方式，会引起人体新陈代谢的紊乱，从而使体内的毒素堆积。只有及时排出体内的有害物质，保持体内环境的清洁，才能使身体健康、肌肤美丽。如果你生活中有如下问题，就说明你体内的毒素超标，要赶快采取排毒清体的措施。

口臭

口臭是指口内出气臭秽的一种症状，多由肺、脾、胃积热或食积不化所致，这些东西长期瘀积在体内排不出去就变成了毒素。贪食辛辣食物或暴饮暴食、疲劳过度、感邪热、虚火郁结，或某些口腔疾病，如口腔溃疡、龋齿以及消化系统疾病都能引起口臭。

肥胖

如果你的体重超过标准体重 20%，就属于肥胖。肥胖是一种营养过剩的疾病，如果长期过量食用高脂、高热量食品，体内的毒素就会滋生，造成机体失衡，引发肥胖。肥胖者除了体弱无力、行动不便、运动时气喘、心悸、怕热多汗、腰痛、下肢关节疼痛等症状外，大多有糖、脂肪、水等物质代谢和内分泌方面的异常。

超重计算公式

[超重%=[（实际体重－理想体重）/（理想体重）]×100%]

慢性胃炎

慢性胃炎是由饮食没有节制、脾胃虚弱、劳逸过度所引起的各种慢性胃黏膜炎性病变，形成一种毒存体内、气血不通的症状。慢性胃炎患者常无症状或有程度不同的消化不良症状，如上腹隐痛、食欲减退、餐后饱胀、反酸等。

便秘

如果排便的间隔时间在 3 天或以上，你可能患上了便秘。按照症状不同，便秘可分为偶发性便秘和习惯性便秘两种类型。大肠形成粪便，并控制排便，是人体向外排出毒素的主要途径之一。如果毒素存于体内，影响脾胃的运行，会造成大肠的传导失常，导致肠道不通而发生便秘。长期便秘，粪便不能及时排出体外，会使大量毒素堆积体内，这些毒素被人体吸收，会继发肠胃不适、口臭、色斑等其他症状，导致人体器官功能减弱，抵抗力下降。

肠易激综合征

肠易激综合征是一组持续或间歇发作，以腹痛、腹胀、排便习惯或大便性状改变为临床表现，从而缺乏胃肠道结构和生化异常的肠道功能紊乱性疾病。肠易激综合征的典型症状为与排便异常相关的腹痛、腹胀，可分为腹泻主导型、便秘主导型、腹泻便秘交替型三种类型。精神、饮食、寒冷等因素可诱使症状复发或加重。

十二指肠溃疡

十二指肠溃疡是消化性溃疡的常见类型，主要临床表现为上腹部疼痛，可为钝痛、灼痛、胀痛或剧痛，也可表现为仅在饥饿时隐痛不适。临床上约有 2/3 的疼痛呈节律性：早餐后 1 ~ 3 小时开始出现上腹痛，如不服药或进食则要持续至午餐后才缓解。食后 2 ~ 4 小时又痛，进餐后可缓解。约半数患者有午夜痛，常可痛醒。节律性疼痛大多持续几周，随后缓解数月，可反复发生。

皮肤瘙痒

皮肤是人体最大的排毒器官，皮肤上的汗腺和皮脂腺通过出汗等方式排出其他器官无法排出的毒素。外界刺激、生活不规律、精神紧张以及内分泌障碍等使皮肤的排毒功能减弱，就会引发皮肤搔痒。

湿疹

湿疹多是由消化系统疾病、肠胃功能紊乱、精神紧张，或是环境中的各种物理、化学物质刺激所引起的皮肤炎症性反应性疾病。湿疹也是新陈代谢过程中产生过多的废物不能及时排出体外所造成的。

皮肤长痘

如果你的皮肤属于油性皮肤，皮脂腺过于发达，皮脂分泌旺盛，当毛孔堵塞或因某些原因而排油不畅，那么皮脂就会在毛孔中累积起来，突起成为痘痘。体内激素分泌失衡，也会使皮肤长痘。

女性在月经期间特别容易长痘，睡眠不足、压力大、情绪紧张等也会成为痘痘的温床。如果偏好油炸、高糖分或酸辣食品，皮肤也容易长痘。

另外，我们的肌肤 24 小时不断地进行新陈代谢，从外界吸收养分，再将代谢废物排出，这个过程需要动力，而水就是这种动力的载体。然而，冬季的肌肤经常处于缺水状态，这就导致了代谢废物排不出去，一旦遇到外来污染，就容易形成痘痘。

痤疮也是痘痘的一种，是一种毛囊与皮脂腺的慢性炎症性皮肤病。痤疮的发生主要与皮脂分泌过多、毛囊皮脂腺导管堵塞、细菌感染和炎症反应等因素密切相关。各种毒素在细菌的作用下产生大量有毒物质，随着血液循环遍及全身；而当排出受阻时，又会通过皮肤向外渗溢，使皮肤变得粗糙，出现痤疮。此外，微量元素缺乏、精神紧张、高脂肪或高糖类饮食都是痤疮的诱因。

色斑

脸部色斑的形成原因很多，主要有遗传、紫外线照射、内分泌、生活习惯等因素刺激使自由基的活性增强，自由基在攻击和破坏细胞的过程中，细胞大量死亡和代谢紊乱，细胞内杂质无法代谢，造成色素沉积，使肌肤白净的新生细胞数量大大减少，从而形成了脸部色斑。

内分泌失调是产生脸部色斑的一个重要原因，经期和妊娠期的体内性激素水平的变化可以影响色素的产生。另外，内分泌不稳定时通常会引起情绪不稳定，也会间接导致脸部色斑的形成。

中医认为，“经斑同源”，女性月经和色斑存在着必然的联系，月经不调的女性最容易长色斑。正常情况下，体内新陈代谢产生的废物可以通过经血排出，因此不会出现色素沉着。当月经不调时，人体内的气血运行不畅，经脉不通，导致瘀血内停，气滞不畅，心血不能达到皮肤表面滋养肌肤，而皮肤中的色素也不能随着人体的正常代谢排出去，从而导致废物逐步沉淀，色素堆积，长期以往，就形成了色斑。

此外，压力、偏食、睡眠不足等原因也会使色素沉淀。睡眠时间不稳定的人，皮肤的代谢率也不佳，会影响色素颗粒的产生。

水肿

水肿是机体水钠代谢障碍的产物，水钠代谢失调时，就会引起水钠潴留，超过体重10% 以上时，就会出现水肿。

一般来说，身体能保持健康状态全因体内细胞进行的分裂活动，继而排出二氧化碳和体内废物，负责运送营养和排走废物的正是动脉、静脉和毛细血管。当血液循环良好时，体内水分会随着血管不停流走，使身体保持水分平衡。但当血液循环不好时，体内便积存了多余的水分，这些水分会在细胞里滞留，使身体出现水肿现象。另一方面，经常熬夜和工作压力大的人，新陈代谢会减慢，导致体内废物积聚。

新陈代谢决定肌肤衰老的速度

女人 25 岁以后就渐渐步入衰老的初期阶段，新陈代谢开始走下坡路，逐渐产生肌肤松弛、干燥、脱皮等一系列问题，这就是肌肤衰老的过程。想要皮肤变漂亮，就必须改善新陈代谢，提高皮肤的再生能力。

认识你的皮肤类型

皮肤是指身体表面包在肌肉外面的组织，为人体最大的器官，主要承担着保护身体、排汗、感觉冷热和压力等功能。皮肤覆盖全身，使体内各种组织和器官免受物理性、机械性、化学性和病原微生物性的侵袭，具有两个方面的屏障作用：一方面防止体内的水分、电解质和其他物质的流失，另一方面阻止外界有害物质的侵入。皮肤还能保持人体内环境的稳定，同时参与人体的代谢过程。根据皮肤的特性，可分为以下几种类型：

干性皮肤

◆表现特征

皮肤水分、油脂均不正常，干燥、粗糙，缺乏弹性，毛孔细小，脸部皮肤较薄，易敏感。面部肌肤暗沉、没有光泽，易破裂、起皮屑、长斑，不易上妆。但外观比较干净，皮丘平坦，皮沟呈直线走向，浅、乱而广。皮肤松弛，容易产生皱纹和老化现象。

◆保养重点

多做按摩护理，促进血液循环，注意使用滋润、美白、活性的修护霜和营养霜。注意补充肌肤的水分与营养，调节水油平衡。

中性皮肤

◆表现特征

水分、油脂适中，皮肤酸碱度适中，皮肤光滑细嫩柔软，富于弹性，红润而有光泽，毛孔细小，纹路排列整齐，皮沟纵横走向，是最理想漂亮的皮肤。中性皮肤多数出现在儿童当中，通常以 10 岁以下发育前的少女为多。这种皮肤一般在炎夏偏油、冬季偏干。

◆保养重点

注意清洁、爽肤、润肤及做按摩护理，注意补水，调节水油平衡。

油性皮肤

表现特征

油脂分泌旺盛、T部位油光明显，毛孔粗大，常有黑头，皮质厚硬不光滑，皮纹较深；外观暗黄，肤色较深，皮肤偏碱性，弹性较佳，不容易起皱纹、衰老，对外界刺激不敏感。皮肤易吸收紫外线，易变黑，易脱妆，易产生粉刺和暗疮。

保养重点

保持皮肤洁净清爽，少吃糖、咖啡、刺激性食物，多吃含维生素 B_2、维生素 B_6 的食物以增加肌肤的抵抗力，注意补水及皮肤的深层清洁，控制油脂过度分泌。

混合性皮肤

表现特征

一种皮肤呈现出两种或两种以上的外观（同时具有油性和干性皮肤的特征）。多见为面孔T区部位易出油，其余部分干燥，并时有粉刺发生。80%的女性都属于混合性皮肤。混合性皮肤多发生于20～39岁。

保养重点

根据偏油性、偏干性、偏中性皮肤分别处理，在使用护肤品时，先滋润较干的部位，再在其他部位用剩余量擦拭。平时注意适时补充水分和营养，调节皮肤的平衡。

敏感性皮肤

表现特征

皮肤较敏感，皮脂膜薄，皮肤自身保护能力较弱，容易出现红、肿、刺、痒、痛和脱皮、脱水的现象。

保养重点

经常对皮肤进行保养。洗脸时水不可过热或过冷，要使用温和的洗面奶洗脸。早晨，可选用防晒霜，以避免日光伤害皮肤；晚上，可选用营养型化妆水增加皮肤的水分。在饮食方面，要少吃易引起变态反应的食物。皮肤出现变态反应后，要立即停止使用任何化妆品，对皮肤进行观察和保养护理。

20 岁后肌肤衰老加快

皮肤的新陈代谢是指皮肤表皮的再生。皮肤的新陈代谢周期是 4 周。在表皮深层产生的新细胞会逐渐变成污垢脱落，皮肤就是这样完成再生的。这样的一个过程大约需要 4 周的时间。

皮肤细胞的再生是在夜间进行的。白天活动期间，血液集中在脑部，不能到达皮肤。晚上睡觉时，脑部处于休息状态，血液会集中到皮肤和内脏，运送氧气和营养。如果经常睡眠不足，就会使皮肤的再生能力降低，导致皮肤的老化速度加快，出现皮肤暗黄、粗糙和易生粉刺等问题。

一天的睡眠时间因人而异，为了保护皮肤，最少要保证 6 个小时的睡眠。睡眠分为浅睡眠与深睡眠两种。浅睡眠持续数分钟后就会进入深睡眠，一个周期约 1.5 小时，一个晚上会重复几个周期。最初两个周期的睡眠比较深，生长激素也会在这个周期分泌，皮肤细胞会再生。因此，最初 3 个小时的睡眠尤为重要，这段时间的睡眠一定要保证。睡眠期间，副交感神经比较灵敏，血液流入皮肤等的末梢血管。睡眠浅的人交感神经完全不紧张，血液大部分还留在脑部，在这种情况下，皮肤就不会得到营养。

皮肤的再生能力在年轻时非常旺盛，20 岁以后就开始下降，到 40 岁后会延长到 6 周，这自然会导致皮肤老化。十几岁时皮肤的再生能力十分活跃，即使睡眠不足也不会表现在脸上，但随着年龄的增长，睡眠不足便会清楚地写在脸上。

总之，年龄渐长和睡眠不足都会造成皮肤新陈代谢的速度下降，旧的角质层留在皮肤表面，就会使皮肤失去透明感。另外，代谢力下降的皮肤，神经酰胺也会减少，皮肤就会变干。

影响肌肤衰老的因素

如果皮肤得不到良好的保养，或随着年龄增长而衰退，死皮就会附着在皮肤表面而不脱落，由此造成一系列肌肤问题，这就是肌肤衰老的过程。那么，影响肌肤衰老的因素又有哪些呢?

内在因素

- 皮肤附属器官功能的自然减退，例如皮肤的汗腺、皮肤腺功能降低，分泌物减少，使皮肤的皮肤膜、角质层缺乏滋润而变得干燥，出现干纹、脱皮的现象。
- 由于皮肤的新陈代谢减慢，真皮内的保湿因子减少，使得真皮内弹力纤维和胶原纤维功能减退，造成皮肤张力、弹力减弱，使皮肤容易出现皱纹。
- 面部的皮肤较身体其他部位的皮肤薄，由于皮肤的营养障碍，使得皮下脂肪储存逐渐减少，细胞和纤维组织营养不良，性能下降。
- 生物体酶逐渐减少，身体各方面的功能减退，大量的自由基破坏人体细胞，使细胞死亡，毛孔平常受到死亡细胞的阻塞，皮肤的新陈代谢受到影响。

外在因素

- 保养不当，缺乏对皮肤的护理，或皮肤护理程序不正确。
- 寒冷、干燥的气候，使皮肤的各项功能减退，皮肤缺乏水分。
- 过度暴露在阳光下，引起皮肤老化。

与肌肤有关的 6 个关键词

当身体存在过多杂质，肌肤就好像一池死水，毫无生气。只有将身体内的毒素清除干净，才能拥有水润嫩滑的健康美肌。下面重点讲解一下与肌肤素质密切相关的 6 个关键点。

代谢

代谢包括保证身体正常机能、生存所必需的基础代谢和以皮肤再生为代表的新陈代谢，还有排泄水分的水分代谢。喝水排泄是水分代谢，但想要皮肤变漂亮必须提高新陈代谢，减肥时基础代谢很重要。近年来，喝水美容相当流行，但喝水并不能提高基础代谢和新陈代谢，只有运动才能一起提高所有代谢。

活性酸素

活性酸素是由吸入身体中的氧气的一部分变化而成的。一般情况下，可通过体内的抗氧化物质消除，但精神压力、紫外线、吸烟等会导致活性酸素过量增加，从而加快肌肤老化，诱发癌细胞。

抗氧化物质

抗氧化物质是指抑制活性酸素发生作用的物质。也就是说，从有抗氧化作用的物质中摄取抗氧化力，可以减少活性酸素，防止身体不调与肌肤老化。女性体内的雌性激素是最好的抗氧化物质。抗氧化物质可以从食物中摄取，如含有多酚、儿茶素的食物，以及丰富维生素 A、维生素 C、维生素 E 的绿黄色蔬菜等都是抗氧化食品。

紫外线

紫外线不仅会形成雀斑，还会增加体内的活性酸素，导致肌肤老化。防止紫外线，当然要注意防晒，此外还要增加身体的抗氧化能力，让身体尽量不受紫外线的影响。

女性激素

女性激素包括雌激素（卵细胞激素）和黄体酮（黄体激素），这些都是保证女性身体机能的激素。特别是雌激素，可以维持皮肤中的骨胶原含量，防止皮肤老化。雌激素下降，皮肤就会老化，过度减肥、经期错乱导致皱纹增加就是这个道理。可以说，雌激素是体内最强的抗氧化物质，是一种保持年轻的激素。血液中雌激素的值越高，皮肤年龄看起来就越年轻。雌激素分泌量的最高峰是25岁左右，35岁以后分泌量开始逐渐减少，到更年期会更低。

“气”“血”“水”

中医认为，人体是由“气”“血”“水”三要素构成的。“气”是相当于为全身供给能量的一种物质；“血”给皮肤和头发供给营养；“水”是指淋巴液等身体中的水分。三者中任何一个发生异常都会破坏身体的平衡，使身体状况变坏，从而引发肌肤问题。

“气”“血”“水”的异常情况包括以下几种：气不足称为“气虚”，会使皮肤失去光泽和弹性，导致皮肤松弛。气流不畅称为“气滞”，会引起皮肤的不调，精神压力性粉刺和皮肤粗糙就属于这个范畴。血不足称为“血虚”，和贫血的状态类似，会导致皮肤干燥、有皱纹。血流不畅称为“血瘀”，怕冷的人大多是血瘀体质，容易出现雀斑、皮肤暗黄、粉刺等问题。身体中的水分堆积称为“水毒”（几乎没有体内水分不足的水虚情况）。了解自身体内的异常情况并进行改善，肌肤问题自然会迎刃而解。

女性月经周期与肌肤状况

女性在月经中、月经前和月经后，雌激素（卵细胞激素）和黄体酮（黄体激素）的分泌量会有所变化，会影响到皮肤状态，导致皮肤的状态发生变化。

女性月经周期与皮肤状况变化如下：

月经周期

月经中	月经后	月经前（排卵后）
皮肤状况	皮肤状况	皮肤状况
雌激素和黄体酮的分泌量都很少，皮肤不会受到任何一方的影响，比较稳定。	到排卵期为止，雌激素的分泌量会不断增加，这段时间的皮肤比较光滑柔软，也不容易产生粉刺。	排卵后的一段时间，黄体酮的分泌量增加，皮肤处于不安定状态，脸部容易水肿、发热、长粉刺等。

困扰女性的5大肌肤问题

女人25岁之后就步入了衰老的初期阶段，身体从代谢到循环都开始走下坡路，不再拥有天生丽质的资本，皮肤像被宠坏了的孩子，只要不顺她的心意就会发脾气，影响女性的美容。那么，让女性困扰的肌肤问题又有哪些呢？

01 角质厚

角质是皮肤新陈代谢的产物，皮肤出现的多种问题都与它密切相关。当脸部角质过多时，毛孔就会变得粗大。紫外线或气候影响，使皮肤的新陈代谢减慢，老废角质无法自然脱落，基底层停止制造新细胞，造成表皮肥厚、角质层增厚。

02 皮肤松弛

随着年龄的增长，人体的脏器会不断衰老，引起自身功能运行减缓，脸部肌肤就会出现松弛的现象。但同时也会发生在年轻肌肤上，若长时间呆在空调房、肌肤过于干燥或受到紫外线侵袭等，都会使肌肤提前老化。

03 干燥脱皮

死亡的皮肤细胞阻塞毛孔，影响水分和油脂分泌，使皮肤缺乏一层天然的滋润膜保护与湿润皮肤，造成皮肤干燥。

04 肌肤灰暗、满脸皱纹

由于角质化了的死亡皮肤细胞没有脱落，附在皮肤表面，一层一层地贴在脸上，使我们的皮肤看上去色泽灰暗、干燥粗糙，接着皱纹就会产生。

05 粉刺、暗疮丛生

死皮会阻塞毛孔，使分泌的油脂不能顺畅地由毛孔排出，而积留在毛孔内形成小油球，造成毛孔粗大，并因此产生黑头、粉刺，再经空气中的细菌感染成为暗疮。

美丽肌肤从体内塑造

人体是一个有机的整体，皮肤的好坏与人体的健康和营养状况密切相关，如果五脏六腑不健康，皮肤同样也不会健康。只有注重人体器官的排毒，科学合理地安排作息，才能由内而外打造健康水嫩的肌肤。

排毒受阻，肌肤美丽不再

随着人们对美和养生的追求，中医养生的理念愈发受到重视，内在毒素是影响身体健康和肌肤美丽的重要因素，“排毒”也成了当今比较流行的概念。

西医认为，毒素是指对人体有害的物质，包括来自外在环境的压力和污染、细菌、病毒，以及脂肪、糖、蛋白质等物质在新陈代谢过程中产生的废物。

在中医理论中，“毒”的概念更加广泛，体内代谢出来的产物都叫毒，还包括源于机体外的、机体不适应的“风、寒、暑、湿、燥、火”六大“病邪”。中医所讲的“排毒”，指的是通过全身调理来提高机体的适应能力，主动地将各种有害物质转化或分解，排毒包括排汗、排尿、咳嗽、打喷嚏等方式。

人体的排毒器官包括肺、肾、膀胱、肠道和皮肤等，一定要保证这些器官相互协调地排毒。肺和大肠互为表里，肠道传导正常，则气机升降有序，有助于肺的宣发肃降，从而保证人体自身的排毒系统发挥正常作用。由于人体细胞 65% 是水分，要维持细胞具有弹性和光泽，就必须补充足够的水分，加快血液循环，从而促进排毒。

肠道是人体最大的排毒器官，担负了人体大部分的排毒任务。肠道本身充满褶皱，是人体大部分毒素与代谢物集中的大本营。然而，现代人饮食过于精细、饮食不规律，加上亚洲人肠道长而弯曲，容易造成肠道中暗藏毒素，毒素停留在肠道的时间甚至超过 72 小时，使最大的排毒器官反而成为了藏污纳垢的场所。肠道毒素不但会造成肥胖和各种皮肤问题，而且可能引发多种疾病，危害人体健康。

皮肤是人体五脏的镜子

人是一个有机的整体，皮肤既能保护机体，又可以反映人体内在的健康状况。在中医学里，皮肤是五脏六腑的根本，如果内脏不健康，皮肤同样也不会健康。

/ 皮肤与心 /

心主血脉，在心气的推动下，血液能通过经脉运行于周身皮肤。皮肤得到血液的营养，才能保持润泽柔韧的特性。若心气旺盛，血脉郁于皮肤，就会产生红斑或紫斑，并出现血热证。又因为心主血脉，皮肤脉络失疏则痛，皮肤脉络血液不充则痒。如心气旺盛，面色红润光泽；心气不足，面色苍白无华；心气瘀阻，面色晦暗青紫。

/ 皮肤与肾 /

在皮肤与五脏的关系中，肾脏至关重要，古代中医学著作《素问》中就有“皮毛生肾”之说（即皮毛生于肾之意）。在气血的滋养下，皮肤调和柔韧、润泽光滑、紧致细密。卫气和津液是气血的组成部分，在维持皮肤正常生理活动中起着重要作用，而卫气和津液的生化输布，与肾息息相关。

/ 皮肤与肺 /

肺主呼吸，人体通过肺气的宣发和肃降，使气血津液得以布散全身。肺虚的人，皮肤干燥而没有光泽、面容憔悴。

/ 皮肤与肝 /

肝脏既贮藏和调节血量，又有疏散宣泄的功能。在血液运行方面，肝的疏泄功能可以保持气的舒畅，从而协助心肺脾气共同促使血液畅行，不致瘀滞。若情志不遂，或暴怒伤肝、肝气郁结、疏泄失调、气血悖逆，则形成黄褐斑。

/ 皮肤与脾 /

脾为后天之本，人体五脏六腑、四肢百骸等组织器官的营养都来源于脾。脾是靠消化饮食和运输营养物质来完成其功能的。皮肤各部分无不依赖脾运化的营养来保证其正常的生理功能。脾气健运，气血充足，营养丰富，肌肤就健康润泽；反之，若脾不健运，气血不足，不仅会导致机体的抵抗力下降，而且会波及肌肤，产生一系列问题，例如硬皮病、红斑狼疮，脾气虚弱就是其主要的病因之一。另一方面，脾主湿而恶湿，脾气健运，也是保证肌肤健康水嫩的重要方面。若脾失健运，水湿停聚，外发肌肤，则会产生疱疹类皮肤病，例如湿疹、天疱疮等。

排出毒素让肌肤更美丽

皮肤的好坏与人体的健康和营养状况密切相关，五脏六腑的功能正常与否，在延缓衰老、健美肌肤方面起着重要的作用。而只有注重人体器官的排毒，科学合理地安排作息，才能保持五脏六腑的健康。

以下是人体重要脏腑的排毒时间段及排毒方法：

大肠	5:00 ~ 7:00	良好的睡眠能让人早起，5:00 ~ 7:00 大肠开始排毒，是最佳的如厕排毒时机。
脾	9:00 ~ 11:00	脾脏排毒的最佳时间，这段时间不宜吃冰，最伤脾脏。这个时候跷起腿，轻捶小腿处，连续敲打 5 分钟，可以刺激脾经运动，提升脾功能，让毒素顺利排出。
小肠	13:00 ~ 15:00	在午后的这 2 个小时是小肠的排毒时间段，此时是强健小肠、促进小肠排毒的最佳时期。一是需要大量喝水，二是可以在午餐后 20 分钟用力地后蹬腿，刺激小肠经，促进小肠蠕动。
心	21:00 ~ 23:00	中医认为，“心主血脉”，它所指的不仅是西医所说的心脏，还包括全身的“脉管系统”——静脉、动脉和淋巴系统。每天的 21:00 ~ 23:00 是人体脉管系统的排毒时间，也是女性内分泌系统最重要的时候，这时一定要休息。此时适合听音乐、洗澡、为明天作计划，或回想今天做了那些美好的事情，让自己尽量保持安静，酝酿睡眠。

肾	23:00 ~ 1:00	中医认为，“肾主水运”，肾一旦有了损伤，全身就好像浸泡在大毒缸里了，代谢废物就不能及时排出。23:00 ~ 1:00 是肾的排毒时间，此时应该熟睡，否则会增加肾的负荷，导致废物、毒素积聚体内，到了第二天早上，就会发现自己从上到下都是水肿的。
肝	1:00 ~ 3:00	1:00 ~ 3:00 正是肝的休整时间，此时需要人体处在深睡眠阶段才有利于肝脏的排毒。肝具有化解细菌、酒精和其他毒素的功能，是人体解毒的“掌门人”。日常生活中所摄入的毒素都需要依靠肝脏来分解；一些食物在消化后会腐败、发酵，从而产生毒素，这些毒素无法被小肠吸收，也会被送往肝脏进行解毒。
肺	3:00 ~ 5:00	凌晨 3:00，当肝的排毒进入尾声，肺又开始了全新的休息、排毒过程。肺是体内外气体交换的主要场所，人体通过肺从自然界吸入清气，呼出体内的浊气，保证人体新陈代谢的正常进行。肺有主持并调节全身各脏腑器官之气的作用，在有节律的一呼一吸之间，调节全身之气的升降出入。细心的人会发现，平时咳嗽的人如果在凌晨 3:00 以后还没入睡，咳嗽就会加重。中医认为，“肺主皮毛”，此时如果缺乏睡眠，对皮肤的损伤是最大的。

Part 2

运动篇：提升代谢力的运动疗法

体内新陈代谢好不好，
关系着我们的身体状况、容颜美丽，
所以应该重视机体新陈代谢能力。
通过运动提升代谢能力，
保持肌肤美丽。

游泳

随着运动健身的重要性日益被人们所认识，游泳已经成为一种非常流行的有氧运动。

游泳具有很好的增强代谢、消脂减肥的功效。水中不仅阻力大，而且导热性能也非常好，散热快，因而消耗热量多。实验证明，人在标准游泳池中游泳 20 分钟所消耗的热量，相当于同样速度在陆地上 1 小时消耗的热量，在 14℃的水中停留 1 分钟所消耗的热量高达 418.5 千焦（100 千卡），相当于在同温度空气中 1 小时所散发的热量。

游泳还可以改善心血管功能。冷水的刺激通过热量调节作用与新陈代谢促进血液循环，并且增加血管的弹性。

经常游泳可以增加肺活量。呼吸主要靠肺，肺功能的强弱由呼吸肌功能的强弱来决定，而运动是改善和提高肺活量的有效手段之一。游泳促使人呼吸肌发达，胸围增大，肺活量增加，而且吸气时肺泡开放更多，换气顺畅，对健康极为有利。

另外，游泳还可以加强皮肤的血液循环。在游泳过程中，由于水温的刺激，机体为了保证足够的温度，加快产生热量，使皮肤血管扩张，改善对皮肤血管的供血，这样长期坚持锻炼能使皮肤的血液循环得到加强。

小贴士

1. 生病、身体不适或虚弱、饭后、空腹、饮酒后不宜游泳，容易发生抽筋、意外昏迷，危及生命。传染病患者不宜游泳，易把病传染给别人。
2. 参加强体力劳动或剧烈运动后，不能立即跳进水中游泳，尤其是在满身大汗、浑身发热的情况下，不可以立即下水，否则易引起抽筋、感冒等。
3. 在入水之前最好先体验一下水温，如果有过冷或者过热的水温时尽量不要急于下水。池水的水温对血液循环、心脏、血压、呼吸、新陈代谢、皮肤、肌肉都有影响。
4. 游泳前要做好准备活动，热身 10 ~ 15 分钟，活动关节以及各部位肌肉，避免因突然进行剧烈活动而使肌肉受伤或发生其他意外。
5. 游泳时，需要注意保护眼睛，防止晒伤，注意退潮时间等。
6. 游泳后，要用干净水把全身再冲洗一遍，以免传染疾病。
7. 游泳后，可以通过补充运动饮料、放松训练、调试呼吸、催眠暗示、心理调节、按摩恢复、水中漫游等手段恢复体力。

散步

散步是一项最常见的运动，既安全又便捷。散步能增强体质，平衡心态，改善机体代谢功能。散步这种运动方式简单便捷，没有什么固定的时间，可以随着自己的兴致随时随地散步。

散步可使全身肌肉周期性收缩，帮助血液和淋巴液循环，加速代谢过程，增强机体免疫力。散步可以增强消化腺的分泌功能，促进胃肠有规律地蠕动，增加食欲，对于防治高血压、糖尿病、肥胖症、习惯性便秘等因代谢不良引起的病症都有良好的作用。

在户外新鲜空气中散步，可以使大脑皮层的兴奋、抑制和调节过程得到改善，从而达到消除疲劳、放松、镇静、清醒头脑的效果，大大提高脑力与智力的劳动率，使大脑思维活动变得清晰、灵活，有助于改变急躁性格，增强对各种环境与事物的适应能力。

散步能防治心脑血管疾病，增强呼吸功能。散步可以加速血液的循环，提高血管的张力，并将血管壁上的沉积物冲走；散步还能增强血管弹性，减少血管破裂的可能性。散步时肺的通气量比平时增加了一倍以上，有利于呼吸系统功能的改善。

小贴士

1. 要让双脚得到充分的休息，并且好好保护它们。穿一双纯棉运动短袜，以便更好地吸汗；再为双脚选择一双富有弹性的运动鞋，避免长期步行可能造成的对足底组织的伤害。

2. 散步时要抬头挺胸，向前看，脖子、肩膀和后背要放松，臂肘微微有点弯曲，双臂自然摆动，脚底要像车轮一样依脚跟至脚尖的顺序落地，腹肌轻微收缩，背部要直。

3. 走自己的路。只有自由自在、不必照顾他人的行走才能更好地掌握步伐快慢。不要一开始就走得特快，而应当在前 5 分钟里，由慢至快逐渐加快步伐，以便热身，然后在最后 5 分钟再由快放慢步伐。

4. 散步不一定非要找整块的时间。上班族可以见缝插针地利用一切间歇来散步，上下班是最好的步行机会。建议步行路程在 40 分钟以下的都可以走路上下班，这样全天的运动量就足够了。路远的，距离目的地两三站时可提前下车步行过去，算是创造散步的机会。另外，上班期间也可以在走廊里走动，午休时间可绕着写字楼或到楼下绿地散步。

快步走

快步走并没有严格的定义，对于不同的人来说，“快”有不同的标准。只要你在走的时候用了最快的速度，再快就要跑起来了，这就算是快步走。因为我们每天都要走路，快步走因其简便易行的特点，逐渐成为一种新鲜时尚而又低碳环保的健身方式。

养成快步走的习惯，既可以消除脂肪、加快新陈代谢，又能防止动脉硬化。快步走除了可以预防骨质疏松、增进胃肠蠕动、改善食欲、防治便秘、加速能量消耗、减肥瘦身、保持体形外，还能增强心肺功能，调节改善血脂，增进胰岛素功能，对心脑血管病和糖尿病具有很好的防治作用。

快步走时应注意以下几点：首先，衣着要宽松，鞋子要舒适；其次，在平地上行走对关节的损伤相对较小；快步走的时候要挺胸抬头、展开双肩，让肩与臀保持在同一条与地面垂直的直线上；自然摆臂；将腰部重心置于踏出的脚上，走时要积极使用全身肌肉。

跳绳

跳绳，是一人或众人在一根环摆的绳中做各种跳跃动作的运动游戏。

跳绳每小时消耗体内热量约4186焦耳（1000卡），并且使人心律维持在与慢跑大致相同的水平，不过它却可以避免因跑步而产生的膝、踝关节疼痛的困扰。跳绳对身体的灵敏性、身体姿态、平衡能力、协调性和柔韧性都有奇妙的促进作用，能使力量得到发展，尤其是下肢力量。跳绳能让小腿肌肉变得有爆发力，使大腿和臀部肌肉纤维更结实。跳绳是最有效、最经济的燃脂方法，同时也是最好的。

跳绳能增强人体心血管、呼吸和神经系统的功能，可以预防诸如糖尿病、关节炎、肥胖症、骨质疏松、高血压、肌肉萎缩、高血脂、失眠症、抑郁症、更年期综合征等多种疾病。对哺乳期和绝经期妇女来说，跳绳还兼有放松情绪的积极作用。跳绳花样繁多，可简可繁，随时可做，一学就会，特别适宜在气温较低的季节作为健身运动，而且对女性尤为适宜。

小贴士

1. 选择跳绳的长度：折叠跳绳，用脚踩在中间，跳绳的长度正好是由地面到肘关节的高度。
2. 握跳绳：左右手握绳在身体两侧，拇指在上，其余四指环绕握住绳柄（类似于羽毛球反手握拍动作），大臂小臂紧贴在身体两侧。手腕向外微翘，掌心朝斜前方。
3. 跳绳的动作：最关键的要求是发力时要以腕关节为轴发力，也就是不能以肘关节为轴或以肩关节为轴发力。但有时，无论大人小孩，大部分都会抬起胳膊错误发力，胳膊离开了身体，这是常见的错误动作。
4. 脚的动作：两脚前脚掌着地，一般是单脚或双脚向上跳，让跳绳可以过去就可以。还可根据自己的爱好，双脚前后左右任意组合动作进行变化，落地时膝关节微曲缓冲。

健身操

广场舞其实就是健身操的一种大众化形式。广场舞的节奏可快可慢，动作一般相对简单，非常好学。但是跳广场舞的时候要注意，饭后半小时再跳比较适宜，不能过饥或过饱，也不宜跳太久，要量力而为。天气冷的时候要多穿点衣服，出汗时也不宜马上脱掉外套，以免着凉。

健身操融合了体操、音乐、舞蹈等多种艺术形式，是一种追求人体健康与美的运动项目。因此，健身操具有改善体质、促进健康、塑造体形、控制体重、愉悦精神、陶冶情操等多种功效。健身操又称为健美操、健美舞、健身舞、健康舞、有氧操、有氧舞蹈、有氧运动等。

健身操既适合很多人一起跳，也适合一个人在家里跳。如果你不知道怎么跳，网上有很多健身操视频，可供参考。

慢跑

慢跑，也称为缓步、缓跑或缓步跑，是一种非常方便、安全而有效的有氧运动。慢跑就是以较慢或中等的节奏跑完一段相对比较长的距离，从而达到锻炼的目的。

慢跑每分钟可以消耗42~54千焦（10～13千卡）的热量，比打网球消耗的热量还要多。坚持慢跑不仅具有很好的消脂减肥功效，还可以锻炼心肺功能。另外，到空气清新的室外进行慢跑，还可以放松心情、缓解压力。

小贴士

跑步虽然动作简单，但是如果姿势不正确，不仅达不到理想的健身效果，还可能给身体带来损害。

1. 腿部要放松。依靠大腿的前摆动作，带动髋部向前上方摆出。脚跟先着地，然后迅速过渡到全脚掌着地，膝盖不要抬得太高。如果以全脚掌着地的方式跑步，容易引发胫骨骨膜炎。其次，跑步时自然摆臂很重要。摆臂时肩部要放松，两臂各弯曲，约成90°，两手半握拳，自然摆动。另外，呼吸要深长、缓慢而有节奏，可以两步一呼、两步一吸，也可以三步一呼、三步一吸，宜用腹部深呼吸，吸气时鼓腹，呼气时收腹。慢跑的运动量以每天跑20～30分钟为宜，但必须长期坚持方能奏效。慢跑需要穿着宽松舒适的衣服，鞋子最好具有减震功效，否则很容易损伤膝关节，造成不可逆的伤害。

2. 从运动医学的角度看，晚上跑步更科学。只要掌握好运动强度，晚上跑步还会让人睡得更香。运动医学已经证明，早晨刚起来时，人体各脏器的运转仍处于较低水平，这时候锻炼，对于心血管功能比较脆弱的人来说是较危险的。而人体的活动能力在晚上被充分开发出来，这时候跑步，身体更容易适应运动节奏。从外部环境来说，最新的研究表明，清晨空气中二氧化碳指数最高，而且前一天悬浮在空中的尘埃也并未完全消失，这时候运动，远不如晚上的环境好。

3. 运动强度应该循序渐进。起初时可以少跑一些，或隔一天跑一次，经过一段时间的锻炼后，再逐渐增加至每天跑3000～4000米，每星期增量为上周跑量的5%～10%。慢跑时，动作要自然放松，呼吸应深长而有节奏，不要憋气。跑的速度不宜太快，不要快跑或冲刺。要保持均匀的速度，以主观上不觉得难受、不喘粗气、不面红耳赤，能边跑边说话的轻松气氛为宜。客观上慢跑时每分钟心率不超过180减去年龄数为度。例如，60岁的人慢跑时的心率以每分钟180−60=120次为宜，慢性病患者跑的速度还可再适当降低，距离也可短些，防止缺乏内源氧。

骑自行车

随着环保意识的普及宣传，骑自行车已经成为一种既时尚又健康的代步和锻炼方式。骑自行车锻炼的好处是不限时间、不限速度。由于自行车运动是需要大量氧气的运动，所以还可以强化心脏功能，防止高血压。骑在车上，你会感觉非常自由又畅快无比。自行车不再只是一种代步工具，骑车更是愉悦心灵的方式。

骑自行车能预防大脑老化，提高神经系统的敏捷性，提高心肺功能，锻炼下肢肌力并增强全身耐力。

骑自行车的好处

>> 自行车是克服心脏功能毛病的最佳工具之一。世界上有半数以上的人是死于心脏病的，骑自行车不仅能借腿部的运动压缩血液流动，把从血液从血管末梢抽回心脏，并且同时强化了微血管组织，这叫“附带循环”。强化血管可以使人不受年龄的威胁，青春永驻。

>> 经常性的自行车运动，能保护你的心脏，扩张血管。否则血管越来越细，心脏退化越来越严重。到了晚年，你就会发现，自行车运动对于锻炼心脏是多么完美。骑自行车是需要大量氧气的运动，曾经有个老年人以 6 天时间完成了 460 千米的自行车旅行。他说：“老年人一周至少要有 3 次运动，使心脏强化起来，恢复正常功能。你要使心脏激烈跳动，但不可过久。如此它将能适应紧急状况，如赶车或抵抗困境。”

>> 运动能防止高血压，有时比药物更有效，还能防止发胖、血管硬化，并使骨骼强壮。骑自行车使你不必用药物来维持健康，而且毫无害处。

>> 自行车是减肥的工具，根据统计，75 千克重的人，每小时以 14.5 千米的速度，骑 117 千米时，可减少 500 克体重，但必须每天持之以恒。

>> 运动，不只可以减肥，还使你的身段更为匀称迷人。借运动减肥，或边节食边运动的人，身材比只靠节食减肥的人更好、更迷人。我不知道如何来描述“更迷人”，但事实上，运动所带来的结实肌肉，和自行车运动所练成的细小足踝，比节食导致的令人憔悴、青筋突起，总好看多了吧！适当地运动能分泌一种激素，这种激素使人心胸开朗、精神愉快，从经验中可知道自行车运动就能产生这种激素。

>> 骑自行车能让人摄入更多的氧气，因为踩自行车压缩血管，使得血液循环加速，大脑摄入更多的氧气，因此让人吸进了更多的新鲜空气。骑一阵子之后，便会觉得头脑更清楚。

>> 骑那种靠本身体力去踩的双轮脚踏车，会让人感觉十分自由且畅快无比。它不止是一种减肥运动，更是心灵愉悦的放逐。

>> 上下班时多骑自行车，不仅有利于强身健体，同时还不会污染环境。

小贴士

1. 骑车，那就首先要选择合适的自行车。公路自行车、山地自行车当然最好，如果实在没有，普通自行车当然也可以。只要我们能达到锻炼的目的就够了。

2. 选择合适的骑行服装。刚入春时，平时穿的衣服还比较厚，但如果骑行穿的衣服也和户外不活动时穿的衣服厚度一样，那我们骑着自行车到单位时，可能已经大汗淋漓了。所以应当在骑行时根据需要适当增减衣服。

3. 选择合适的鞋子。骑行时最好还是穿运动鞋，因为方便我们登踏脚踏板。工作穿的皮鞋怎么办？那只好用包装起来带着了，到达单位时我们再换上。或者直接单位存一双，就不用天天带着了。

4. 由于空气质量状况的原因，我们需要注意，空气中的可吸入颗粒物会影响甚至伤害到我们的呼吸系统，所以我们应当准备一个口罩。尤其早晨的空气温度较低，尘埃都漂浮在人体呼吸的高度范围内，我们就更应当做好防范措施。

5. 注意每天关注天气。晴朗的天，我们骑车，一路各种风景尽收眼底。如果遇上雨天，那可就成了“落汤鸡”；遇上大风，顺风很舒服，逆风可就得推着车子走了。所以我们应当每天关注天气，阴雨天、大风天就不要骑车了。

莲花坐

功效：

呼吸的调整可使腹部深层肌肉群产生收缩，进而锻炼到腹横肌和骨盆底肌群，紧实腹部，美化背部和腰腹线条；双腿盘坐能够减慢下半身血液循环的速度，使人身心平和安定。

1

步骤

1. 坐姿，吸气，屈左腿，将左脚脚腕放到右大腿根上方，脚心向上，呼气。

2. 再次吸气，将右脚放在左大腿上方，脚心向上。呼气，挺直背部，收紧下颌，使鼻尖与肚脐在同一直线上，双手于胸前合十，或轻放在双膝，注意力集中于呼吸，保持 20 秒。

2

技巧

- 练习莲花坐时，双脚应交替练习，以免造成单侧腿部血液循环不畅。练习的时候还应有意识地挺直背部，感觉脊椎向上挺拔伸直，肩膀放松放平。

跪坐式

功效：

练习此式，可舒展踝关节、膝关节和髋关节；伸展脊柱，增强腰背力量；强化大腿、小腿和脚腕的力量；促进循环系统的功能，有效调节疲惫身心，为身体注入积极的正能量。

1

步骤

1. 双腿并拢，跪立在垫子上，脚尖压地，小腿肌肉绷紧。双手扶腰，腿部、背部、颈部保持平直，放松呼吸，感觉身体自然舒展。

2. 吸气，脚跟微微分开，臀部向后，坐在双脚脚跟处，手掌放在双腿大腿上，身体继续保持平直向上，双肩微微打开，向后收拢肩胛骨。

3. 呼气，抬高双臂。十指交叉，掌心朝上，感受手臂向上牵拉的力量，臀部不要离开脚跟，腰背保持伸直。

2

3

技巧

- 肩部灵活性和韧性不够的练习者，容易出现手臂无法上抬、腰背弯曲的错误姿势。练习时，将双肩打开，就很容易上抬双臂了。腰背保持挺直，也能给身体向上的支撑力，避免身体弯曲、肩颈部僵硬紧绷。

斜面式

功效：

练习此式可以有效收紧腰腹部、臀部肌肉，预防腰腹、臀部肌肉松弛；伸展胸部，收紧背部肌肉，改善不良体态；通过对胸腔、腰腹部和脊柱的伸展，刺激脏器，增强各器官功能。

1

步骤

1. 侧坐在垫子上，双腿并拢伸直；上半身微微往后倾斜，双手手掌置于臀部后方。

2. 呼气，臀部、背部往上提起，双手撑地，与地板呈垂直，头部保持一定的紧张感，不要后仰下垂。保持 3 ~ 5 个呼吸的时间。

2

3

3. 继续呼吸，呼气时收紧腹部、臀部，感觉身体自胸腰的中点有股向上提拉的力量，颈部向后伸长，下巴上抬，拉伸前颈。

4. 吐气，臀部坐回地面，背部慢慢收回，放平头部，身体自然放松。

4

展肩式

功效：

练习本式可以消除胸部郁闷，促进心肺功能，刺激血液循环，有效预防感冒等呼吸系统疾病；消除身体的紧张感，灵活手臂及身体关节，矫正肩部不良姿势；对腰腹有轻微的刺激，有消除腹部赘肉的作用。

1

步骤

1. 半莲花坐姿势预备，双手侧举，五指张开，向两侧延伸。头部微微上抬，看向前上方，感受脊柱向上的伸拉和臀部的下沉。

2. 吸气，双手平移至体前，头部看向地板，双臂与地面保持平行，向前伸展，保持平直下压，收紧腹部。

2

技巧

- 练习时，要保持肌肉有控制地伸张和收紧。双臂打开时，双肩也同时打开，肩部放平下压，胸腔朝前打开，否则极易使练习者感到呼吸不畅，胸部憋闷。

手枕式

功效：

练习手枕式可以让身体在放松的同时拉伸大腿内侧和侧腰，修饰身体侧面与腿部线条，有效缓解消化系统疾病症状，消除腹内胀气。

1

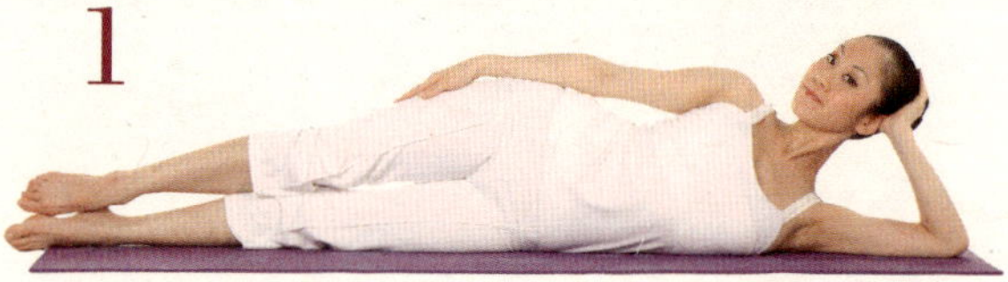

步骤

1. 侧卧在垫子上，左侧大臂着地，左手托头侧面，右手放在右大腿上，双腿并拢伸直。

2

2. 吸气，抬起右腿，弯曲，右手抓住右脚脚跟，保持平衡。

保持 15 秒

3

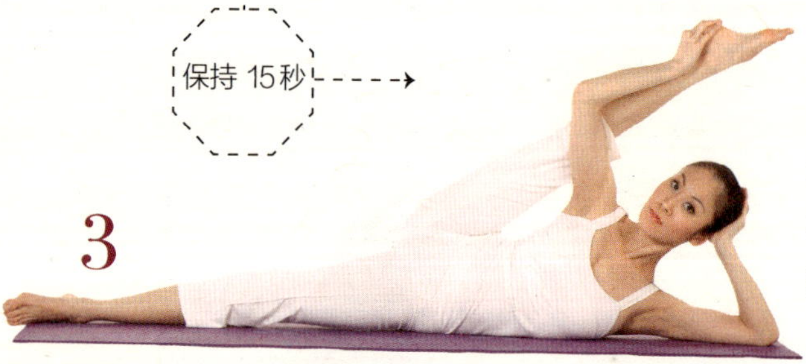

3. 呼气，右手向上拉起右腿，右膝绷直，尽量贴近头部，保持 15 秒，5~8 个呼吸。

4

4. 吸气，还原落下，放松身体。休息片刻后，换另一侧再练习。

至善坐

功效：

至善坐可以减轻压力及焦虑，平静大脑和心灵；通过呼吸动作按摩腹腔器官，促进身体新陈代谢，延缓衰老，强化中下背部肌肉的力量。

1

步骤

1. 双腿伸直平坐在垫子上，吸气，弯曲左膝，左脚掌紧贴右大腿内侧，左脚跟顶住会阴部位。

2. 弯曲右腿，将右腿脚跟放在身体内侧，双脚脚跟轻轻相触。双手做智慧手印，轻放于膝盖上。

3. 吸气，下腭微微向里收，双手合十在胸前。双手肘与地面平行。膝盖尽量贴近地面，保持身体下半部分的稳定。

2

保持 10 秒

3

技巧

- 练习本体式时，注意始终保持脊柱和后背垂直于地面；下部柔韧性不够的人，可在臀部后半部加一个垫子，使双膝贴近地面。患有坐骨神经痛或骶骨感染的人不应做这个姿势。

英雄式

功效：

头部下顶的动作，有刺激甲状腺和甲状旁腺的功能，可以缓解更年期不适，帮助稳定情绪，延缓衰老；活动了髋关节、膝关节和腕关节等关节部位，促进了关节部位的血液循环，增强关节灵活性。

1

2

步骤

1. 双腿分开与髋部同宽，跪立在垫子上，双手扦腰。脚背和十个脚趾贴地，脊柱保持向上延伸。自然呼吸。

2. 呼气，上身有控制往前落下，前额触地，手放在膝盖窝后面的小腿肚上，眼睛看向腹部，体会身体血液不断流转。

3

4

3. 吸气，手部顺着小腿朝脚腕处滑动，臀部后坐带动身体往后靠，臀部落在双脚之间的地面上时，脚跟紧贴臀部，手放在大腿上，充分伸展上半身。

4. 呼气，臀部不要离开，上身折叠向下，直到腹部贴近大腿根部，前额触地。双手轻轻抓住双脚脚掌，放松背部，放松全身。

坐广角A式

功效：

身体前倾的动作，可以促进脸部血液循环，营养面部肌肤；促进骨盆区的血液循环，还能锻炼支撑膀胱和子宫的肌肉，改善月经不调，防治内分泌失调引起的黄褐斑等问题。

步骤

1. 双腿伸直平坐在垫子上，双手放于体侧，保持身体平衡。吸气，坐骨紧压地面，向头顶的方向伸展脊椎。轻轻地将手掌向下压，感觉肩部向下降。

2. 双腿向两侧伸开，大腿、膝盖和脚尖朝上，保持脊柱伸直，用双手的食指和中指勾住双脚大脚趾。

保持15秒

3. 呼气，身体向前弯曲，脊柱保持舒展，脊背不要弯曲，沿着地面伸展身体，胸部、腹部尽量贴近地面。保持15秒，5～8次呼吸的时间。

技巧

- 练习时，不要过分追求身体前倾，可能会使背部脊椎弯曲、肩部上耸，反而使身体得不到正确的拉伸与放松。

蜥蜴式

功效：

练习此体式可以舒缓背部的僵硬和紧张，消除背部多余的脂肪；纠正不良体态，美化背部线条；还可以促进面部的血液循环，细致颈部、面部肌肤。

1

2

3

保持 10秒

步骤

1.跪姿，挺直腰背，臀部坐于两脚跟上，掌心贴于大腿上侧，调整呼吸。

2.弯曲手肘，前臂相叠，掌心扶住手肘；吸气，上半身向前倾，两前臂与小腿贴地，支撑身体；将腰背挺直，保持在一条直线上。

3.呼气，手臂向前滑动，身体向前移动，直至下巴、胸部贴住地面；臀部抬起翘向天空。保持姿势10秒，3～5个呼吸的时间，然后全身放松，缓慢恢复原位。

技巧

- 练习此式时，最容易出现的错误就是手臂承受不住身体的重量，而弯曲脊柱以减轻压力。长期依照错误的姿势练习，可能造成肩部肌肉紧张，形成不良的体态。

跪立狮子式

功效：

练习此体式可以增加脑部供血量，促进头面部的血液循环；能清洁鼻孔和耳朵，对鼻窦炎等病症有一定的辅助疗效。

1

2

步骤

1. 双腿微微分开，跪立在垫子上，双手自然垂落在身体两侧，目视前方，放松面部，脊柱保持挺直。

2. 呼气，弯曲双膝，臀部朝后移，上身相应往前倾，十指张开绷直，弯曲手肘，宛如扑倒猎物的利爪。眼睛张开，嘴大张，尽量将舌头伸长。

3. 吸气，双臂向后伸直，打开双肩，扩张胸部，臀部稍抬起，脚尖不要离地，保持身体稳定，重复 3 ~ 5 次，做深长的呼吸，呼气时，发出长啸声。

3

技巧

- 手臂向后伸展时，手掌不应向内翻转，否则可能扭伤手臂。每次练习时尽可能地大声吼叫，以锻炼肺部的力量；训练熟悉后，再使吼声低且长以培养耐力和控制力。

狮子式

功效：

可增加脑部供血量，促进头面部的血液循环；清洁鼻孔和耳朵，对鼻窦炎等病症有一定的辅助疗效；增强肺活量，对胸腹器官有轻微的刺激作用，能使身体器官各项功能得到改善。

1

步骤

1. 双腿并拢跪坐在垫子上，双肩打开，双手轻轻放在大腿上，脊柱向上延伸挺直，髋部朝下坐，目视前方，放松呼吸。

2. 呼气时，身体前倾，双手张开，五指撑地。眼睛睁大，向上看，凝视自己的眉心。嘴巴张大，舌头尽量伸长。深吸气，下一次呼气时，发出长啸声。放松身体。

2

保持 10秒

技巧

- 练习该式时，双肩保持平直下压，不要耸起也不要左右歪斜，以免颈部无法向前伸展。呼气时应缓慢，使啸声长而均匀。

头部放松式

功效：

促进面部血液循环，细致面部、颈部肌肤，增强肩颈部的灵活性；拉长脊椎，保持背部向上延展；扩展双肩，矫正高低肩等不良体态。

1

2

步骤

1. 正坐在垫子上，弯曲左膝，将左脚掌贴近右大腿，左脚跟贴近会阴处。右腿弯曲向后，右小腿靠近右大腿和臀部。

2. 吸气，抬高双臂，双手交叉抱住后脑勺。眼睛看向腹部，感受身体向上挺拔延伸，手肘和手臂所成的直线与地面保持平行。

3. 呼气，收回双臂，交叉抱于胸前，左手扶右肩，右手扶左肩。头部后仰，感受颈部前侧的拉伸。保持 15 秒，5 ~ 8 个呼吸的时间后，缓慢收回头部，放下双臂，换腿练习。

保持 15 秒

3

技巧

- 练习该式注意不要扭曲脊柱，保持左右肩部的平衡，以免造成身体肌肉的错误拉伸，造成关节扭伤。

莲花坐前屈扭转式

功效：

练习此体式能刺激身体和头面部的血液循环，振奋精神，细致面部肌肤，减少皱纹；对内脏有压力和刺激，可以增强内脏功能。

1

步骤

1. 莲花坐姿准备，吸气，上身前倾，双手支撑地板，右臂穿过左臂下方，带动身体向左转，右耳贴地，呼气。注意双肩依然保持在一条直线上，背部不要拱起，尽力往前。注意臀部不要移动。

2

技巧

- 前屈时，臀部不要向前抬起，稳稳地坐在地面上。初学者或腿脚僵硬者若感到腿部血液循环不畅，应采用简易坐或半莲花坐姿，不可勉强自己。

2. 吸气，伸直左臂，向天空方向延伸，带动头部向左上方转动，右肩放在地板上，感受双臂朝两个方向的延伸。

保持 25 秒

3

3. 呼气，收回左臂，双手合十。眼睛看向斜上方的方向，保持25秒，8 ~ 10个呼吸的时间。收回时，先用左臂支撑肩部，再缓慢收回身体。

敬礼式

功效：

改善头部血液循环，对面部、双肩、双臂、双腿和双膝的神经有益；协调身体，增加体内氧含量，改善情绪；软化臀部和骨盆的肌肉，让其更具弹性。

1

2

步骤

1. 自然蹲在垫子上，双脚分开略比肩宽，双脚稍朝外；双手于胸前合十，拇指相扣。挺直腰背，目视前方。

2. 吸气，抬头后仰，最大限度地向后伸展颈项，手肘顶住膝盖向两侧推开，肩部放平，感觉颈部的拉抻。

3. 呼气，并拢双膝，低头，额头抵于膝盖上，双手合掌向前伸直，指尖指向前方地板，指尖和臀部不要触地。

保持 10秒

3

技巧

- 练习该式过程中保持脚掌不抬离垫子，身体不要前倾，同时，臀部也不要后坐，以防向后摔倒。

手肘轮式

功效：

全方位激活身体各部位肌肉，美化身体线条，预防脂肪堆积形成肥胖；强化内脏功能，按摩内脏，增强免疫力。

1

2

3

4

5

步骤

1. 仰卧在垫子上，双膝弯曲，脚跟分开约一肩宽，落在大腿根部，双手抬起后弯，掌心落地。

2. 呼气，胸腰用力，髋部上抬，手掌和脚掌稳稳地撑住地面。

3. 吸气，腰腹再向上抬起，头部向脚部靠拢，双手交叉护于后脑处。

4. 呼气，右腿抬起。

5. 再次呼气，右脚再次上抬，垂直于地面，保持10秒，3～5个呼吸的时间。缓慢收回腿部，放下身体，仰卧休息。

清凉式调息法

功效：

锻炼面部肌肉，增加皮肤弹性，改善脸部供血；抑制心情忧郁和精神紧张；增强肝、脾和消化功能；清除体内废物，洁净血液。

1

2

步骤

1. 坐姿，双腿和双脚并拢，双脚脚趾交叠放置，脚背着地。双手放在大腿上，脊椎向上充分伸展。用嘴巴缓缓吸气，再用鼻孔缓缓呼气。

2. 张开嘴，把舌头伸出一点，将舌头卷成一条管子。用嘴慢慢吸气，能够听到和感觉到清凉的空气通过口腔慢慢进入。

3. 将舌尖抵住上腭，上下牙齿轻轻咬住。呼气时，用两个鼻孔缓慢排气，直到排尽空气。每个深长的呼吸为一个回合。可以反复练习，但每日练习不要超过 30 个回合。

保持 10 秒

3

技巧

- 应空腹练习此法，练习过程中不要讲话，专注于自己的身体和内心的宁静，闭上眼睛更容易集中注意力。患有高血压、心脏病的人不应该练习此法，或先征询医生的意见。

仰卧脊椎扭转式

功效：

伸展脊柱和肩部，强化下背部的力量；能有效减轻下背部疼痛、经痛和坐骨神经痛；舒展胸部及髋部，改善消化系统和循环系统的功能；锻炼颈部，使颈部更加灵活。

1

2

保持 10秒

3

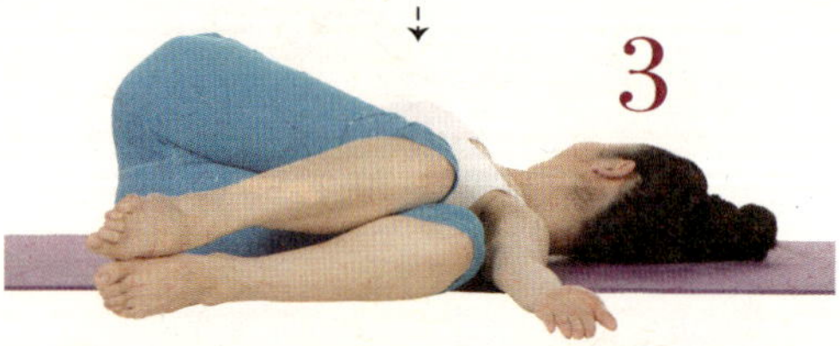

4

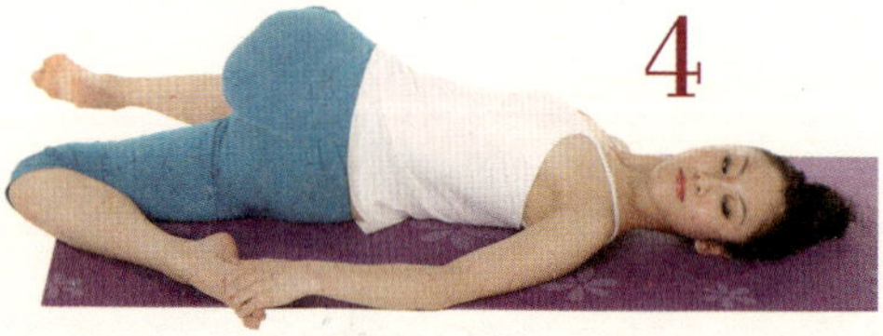

步骤

1. 仰卧，双腿伸直。吸气，弯曲双膝，双腿靠近身体，双手将双腿抱在胸前，大腿尽力贴近膝盖。下背部、头颈部贴地，不要抬起。

2. 呼气，松开双臂，在体侧平展伸直，手掌心朝上。打开肩部，胸部微微扩张，坐骨触地，保持下背部的自然弯曲。

3. 吸气，双膝左转，保持下背部的自然扭转，双肩紧贴地面，肩胛骨收拢，头部转向右边，右耳贴地，感受脊柱在垂直方向的轻微扭转。保持 10 秒，3 ~ 5 个呼吸的时间。

4. 吸气，双膝和头转到中间，再将膝盖转到身体右侧，头部转向左侧，左耳贴地。呼气，右膝向下，用左手去抓右脚脚掌，右手扶住左腿膝盖外侧。

技巧

- 身体扭转时，肩部要紧贴地面，不要抬起，否则容易造成颈椎的压力过大，无法有效放松。

仰卧脊椎腿扭转式

功效：

舒展胸部及髋部，改善消化系统和循环系统的功能；使双肾得到按摩，调节泌尿功能，还附带调节肾上腺的分泌，改善机体的新陈代谢。

步骤

1. 仰卧在垫子上，双脚并拢伸直，感觉头颈部、腰背部、臀部、腿部依次贴地，完全放松身体。吸气，双腿屈膝，脚掌踩在垫子上，双手掌心朝下，肩膀微微打开，扩张胸部。

保持 10 秒

2. 呼气，伸直左腿，右腿向身体左侧倒去，左手去抓右腿膝盖外侧，右手及臂落在垫子上，右肩不要抬离地面，感受髋部的扭转，骨盆区有微微发热的感觉。保持 10 秒，3 ~ 5 个呼吸的时间，换边重复练习。

技巧

- 双肩始终保持贴地不要抬起，肩胛骨收紧，向上扩张胸部，否则不但会减少功效，还可能引起脊椎受伤。处在生理期的练习者和有腹泻症状的患者最好不要练习这个体式。

吉祥式

功效：

可改善新陈代谢、刺激腺体、调整及强化耻骨尾骨肌肉的骨盆基部，增强性功能；改善腰背僵硬状况，缓解坐骨神经痛等症状。

1

步骤

1. 挺直腰背端坐在垫子上，弯曲双腿，双脚脚掌相贴，双手交叉握住前脚掌。眼睛直视前方，双膝下压，感受脊柱向上延展。

2

2. 吸气，身体缓慢向前倾，双手抓住双脚脚踝，肘部打开，帮助上身向前向下不断延伸。达到身体最大限度后，停留保持15秒，5～8个呼吸的时间，以头部上抬带动身体还原。

技巧

- 练习该式时，为了专注精神，可闭上眼睛。注意，女性经期时不可练习此姿势。

身印式

功效：

这个体式可以有效拉伸腰腹，促进血液循环、改善下半身寒冷症、消除肠气、防便秘。腿部的伸拉还可纤细大腿，美化腿型。

1

步骤

1. 坐姿，腰背挺直，双腿并拢向前伸直；手臂伸直，指尖放在膝盖上。

2. 吸气，右膝弯曲，将右脚背放置于左大腿根部，脚心向上；左腿保持伸直状态。

3. 呼气，身体缓慢向前倾，试着用手抓住左脚板，尾骨下压，保持姿势 10 秒，3 ~ 5 个呼吸的时间。

4. 再次呼气时，身体继续向前弯曲，让身体尽量贴近左腿，下颌贴于左腿上，保持姿势 2 个呼吸的时间。吸气时慢慢恢复到坐姿，换腿练习。

2

技巧

- 为了追求大的伸展幅度而弯曲脊柱，是练习此式时最容易出现的错误。这样的练习不仅起不到伸拉的效果，也易使练习者体会不到腹式呼吸的好处，产生憋气，感觉胸闷、头晕。

保持 10 秒

3

4

射手式

功效：

多练习此式有防治坐骨神经痛、促进代谢的作用；脊柱保持伸直还可以矫正肩部歪斜的形体问题。

1

2

步骤

1. 坐姿，左脚弯曲，将脚跟拉近，靠近会阴处。右脚打开往右外侧伸直，两腿尽力打开。

2. 吸气，左手抬起伸直，贴耳，掌心朝内；呼气时，身体向右下方弯曲，保持姿势 2 个呼吸的时间。

3. 呼气时，身体继续向右下弯曲，试着用左手绕过头部上方，去抓右脚的脚掌，保持 8 秒，2 ~ 3 个呼吸的时间。

4. 吸气时慢慢恢复到开始的姿势，换腿进行练习。

技巧

- 此体式的侧弯腰是由手臂的伸展所带动身体的侧弯，若刻意追求手抓脚板，会不自觉地使身体前倾、腰背弯曲，可能会引起胸闷、恶心、颈部疲劳等不适。

3

保持 6 秒

4

船式

功效：

船式可以刺激我们的甲状腺，促进新陈代谢，增加女性腹部的血液循环，促进肠胃蠕动，改善消化不良等问题。

1

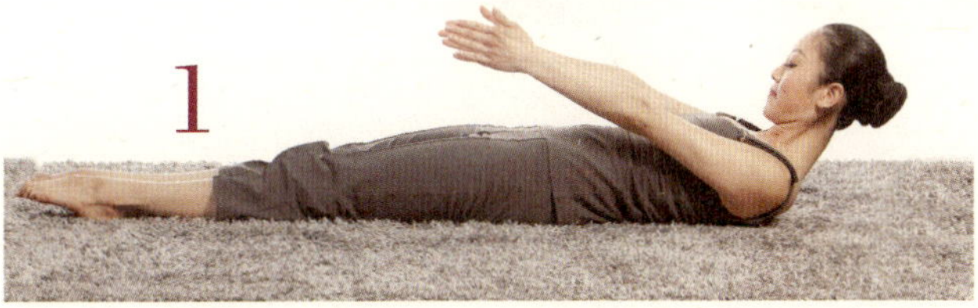

步骤

1. 仰卧，身体放松。双臂平直向上抬起，头颈向上抬起，手指向脚尖的方向。

2

2. 吸气，双腿伸直向上抬起，上身同时微微上抬，用腹部的力量控制好身体的平衡。

保持 10 秒

3

3. 呼气，上身和腿部继续上抬，挺直的腿部和腰背分别与地面呈 45° 角，保持 10 秒，3 ~ 5 个呼吸的时间。吸气时，恢复仰卧，放松休息。

技巧

- 练习此式时，要注意收紧腹部肌肉，使身体呈“V”字形。注意，哮喘、腹泻患者和孕妇不适宜练习此体式；颈部受伤者可将后背靠在墙上，或头靠墙来练习。

半船式

功效：

有效按摩腹腔器官，调节肝脏、胆囊和脾脏的功能，还能锻炼脊柱肌肉。增强身体的平衡能力，增强腹部力量，收紧腹部线条。

1

步骤

1. 坐在垫子上，腰背挺直。双手交叉，在颈部上方抱住头部。双肘微微外扩，使肩部打开，腰部不要内凹。

2

2. 呼气的同时，身体微微后仰，双脚保持落在地面不要上抬，上身与地面大约呈 60° 时，保持住脊柱伸直，不要使背部接触到地面。

技巧

- 练习此式时，要注意背部不要弯曲后仰，否则容易给脊柱带来不正确的压力，使身体的重心偏移，部分背部可能因此后仰着地，造成脊柱损伤。同时，这种不平衡也容易使臀部受到伤害。

金三角式

功效：

练习此式可以使盆腔得到滋养，腹部器官得到轻微的按摩，有助于促进消化；促进头、面部的血液循环，减少皮肤细纹。

1

2

步骤

1. 站姿，双腿打开两肩宽，两手侧平举往体侧伸展，目视前方。

2. 呼气，双手扶住两腿向下滑动，上身慢慢前倾，至腰背与地面垂直，保持 2 个呼吸的时间。

3

3. 再次呼气时，双手向下滑动抓住脚踝，身体进一步下弯，至头部顶住地面，保持 3 个呼吸的时间。

4

4. 吸气，伸直双臂带动上身缓慢抬起，恢复站姿。反复练习 3 次。

技巧

- 练习此式时，下弯时脊椎始终向前向下延伸，不要弯曲。头部若不能放到地面，也一定要保持向前伸展的状态。

弓式变形

功效：

扩充胸腔，促进氧气的吸入，改善血液循环，从而滋养乳房，预防衰老下垂；按摩腹腔、盆腔内器官，促进新陈代谢，有益肠胃蠕动。

1

步骤

1. 俯卧预备，吸气时弯曲左腿，双手向后抬起，抓住左脚脚板。

2

保持 10 秒

2. 呼气，胸口抬起，双手抓住左脚向上延伸，保持姿势 2 个呼吸的时间。

3

3. 再次呼气时，头部向后抬起，双手抓住左脚尽量向上延伸，使身体形成一个弓形，保持姿势 1 个呼吸的时间。吸气时恢复到基础卧姿，换边进行练习。

技巧

- 进行弓式的系列练习时，一定要保持好重心，使身体两侧保持向上伸展的姿势身体，千万不能单独伸展腿部或身体前侧，让身体向前或向后弯曲，造成脊椎单侧压力过大。

战士一式

功效：

扩张胸部，紧实乳房，延缓衰老；改善消化系统和循环系统的功能；缓解坐骨神经痛。

1

2

步骤

1. 脚掌平行以正位站立，手臂自然垂落于体侧。脊椎往上延伸、拉高，腰背挺直，肩放平，胸腔微微打开，收紧上下臂。

2. 吸气，右脚向前迈出一大步，脚尖朝前，左脚跟稍向外旋转，稳定住身体。

3. 呼气，右腿膝盖弯曲呈 90° ；吸气，双臂向上伸直，十指打开，保持 10 秒，3 ~ 5 个呼吸的时间。

3

侧前伸展式

功效：

可以促进循环系统，使呼吸加深；纠正不良姿势，特别对驼背有较好的效果。

步骤

1. 从山式开始，吸气，双脚分开约两个肩宽，双臂侧平举与肩同高。缓慢呼气，双手掌合十放在肩胛骨中间，感受胸腔的扩张。呼气，左脚内转 45° ，右脚外转 90° ，身体完全转向右侧，调整髋关节、锁骨和肩部，让三者保持平行。

2. 呼气，身体向后倾，肩部向后下方收紧，胸部往上挺起，头颈部伸直往后伸展，保持 15 秒，5 ~ 8 个呼吸的时间。

技巧

- 练习这个体式时，肘部后曲，肩胛骨内收，才能充分打开胸部，发挥该体位的最大效果。

仰卧抱膝式

功效：

按摩腹部，促进消化系统功能的改善，消除腹内胀气；灵活双肩，放松肩颈，改善和矫正各种不良体态。

1

步骤

1. 仰卧在垫子上，双腿屈膝，脚掌踩在垫子上，双手掌心朝下，肩膀微微打开，扩张胸部。

2

2. 呼气，双手抱住双膝，双膝弯曲抬高，至小腿与地面平行后停留，臀部不要离地，自然呼吸。

保持 20 秒

3

3. 呼气时，双膝贴近前胸，大腿紧贴腹部。保持 20 秒，8 ~ 10 个呼吸的时间，每一次吸气时放松脊椎，每一次呼气时，都将双膝往胸前压进一点。

技巧

- 此体式较为简单，适合绝大多数的练习者练习。在练习时，需要注意的是，背部脊椎始终停留在垫子上，不要向上翘起臀部或者头部，否则会给脊椎带来一定的压力，使脊椎没有得到有效放松。

拱桥式

功效：

此体式能促进身体血液循环，滋养腺体，调节身体内分泌，可促进新陈代谢和脂肪的消耗，排出体内堆积过多的水分和毒素。

1

2

步骤

1. 仰卧，掌心朝下放于身体两侧，双腿弯曲，双腿分开与髋同宽，脚心贴地。

2. 吸气，身体保持贴地不动，双手向后弯曲，掌心着地，置于两耳旁。

3. 呼气，腰腹用力，身体上抬，掌心、头顶心和脚心撑起身体。

4. 吸气，手臂伸直，头部离地，撑起身体，眼睛看向手掌心连线的中间位置，保持 15 秒，5 ~ 8 个呼吸的时间。

3

技巧

- 在练习时，一定要保持手肘、脚跟、头顶与地面的正确接触，稳定好身体的平衡，才能在此基础上锻炼腰腹和四肢及头颈的力量。需要注意的是，此为高阶瑜伽体位，初学者可从桥式开始练习。

4

保持 15 秒

肩立菱式

功效：

此体式能有效刺激甲状腺分泌，促进头、背部的血液循环，调节自律神经；使内脏倒转，从而消除紧张感，促进消化系统的改善。

1

2

技巧

- 此体式可以和鱼式一起练习，使脊椎得到向前弯曲伸展和向后的挤压放松，达到平衡。有高血压、心脏病和处在生理期的人不适宜练习此式。

步骤

1. 仰卧位准备。双腿并拢，吸气，向上抬腿，呼气，腰腹和背部用力，向上提起身体，尽量地让双腿向头后方推送，脚尖顶地，手掌扶住腰背，形成犁式的姿势，呼气。

2. 呼气，右腿慢慢向上抬高伸直，双手护着腰部和背部，吸气，感觉脚尖不断带动脊背向上延伸。

Part 3

理疗篇：提升代谢力的物理疗法

女人代谢好，
就能保持嫩滑的肌肤和婀娜的身姿。
要提高代谢，
按摩、艾灸、药浴都是有效的方法。
马上来体验吧，
在舒适中越来越美丽！

中医理疗，由内而外变美丽

《黄帝内经》认为"有诸内，必行诸外"。也就是说，身体内部的不健康，会从外表显现出来，颜面反应一个人全身的健康状况。女人要美丽和健康，就必须了解自己的体质特点，从内而外，保养自己。

了解女性的体质特点

在现代社会，越来越多的女性朋友都不再只是家庭主妇，而是也有属于自己工作的上班一族。她们既要操持繁重的家务，又是社会的中坚力量，每天忙碌于单位、家庭之间，身心疲惫、精神紧张，正是需要加强养生保健的群体。中医认为组成人体的基本物质有精、气、血、津液。而女性体质有三大特点，那就是以血为本、以肾为根、情绪多变。对女性而言，健康保养应从补充气血、防寒保暖、舒缓情绪等方面着手。

以血为本

中医认为血是人体各种生理活动能够正常运行的最基本的物质基础。女性以养血为本，若不善于补血养血，就容易出现面色萎黄、头晕眼花、气急乏力、唇颊苍白等血虚证，即贫血，严重时容易过早出现皱纹、脱牙、白发、走路不稳等早衰症状，以及月经失调、四肢麻痹、闭经、卵巢早衰等妇科疾病。因此，如何补血养血是女性必学的一门功课。

女人只要精血旺盛，人就会显得年轻，身体就会健康。一个正常的女人一生中会经历四个过程——月经、妊娠、分娩及哺乳，这四个过程都跟血有着紧密的联系，所以说女人以血为本。

以肾为根

肾主宰着女性生长、发育、生殖、衰老的全过程，肾之精气是维持女性机体阴阳平衡的根。女性一旦肾出现问题，就可能会出现初潮迟、月经量少而色暗、排卵期出血、闭经、断经早等妇科特有的病症表现，还可能伴有面黄肌瘦、腰酸背痛、神经衰弱、夜尿频数、脱发等外在特征。所以女性在一生中的每个年龄段都需要补血养肾，女性肾气最旺之时也是生育功能最旺盛之时。

情绪多变

女性由于生理、家庭、工作、社会各方面的原因，情绪波动较大，容易因心情不舒畅而抑郁少欢或烦恼多思，日积月累容易影响肝的生理功能。中医认为肝脏是一个多气少血的器官，所以一旦心情不愉快，就很容易造成气的流通不畅，出现胸闷、胁胀、腹胀，甚至产生乳腺增生、月经不调及消化道疾病。所以对女性来说调节好情绪、调养肝脏非常重要。

了解女性健康标准，防治亚健康

关于健康女性，目前尚无统一和明确的标准。按心理学分析，可从心理统计、心理症状和内心体验三方面去认识。按社会学解释，则可以根据解决生活中所面临的实际问题的能力作为标准。关于何为健康女性，中医总结出以下 8 条标准。

- **声息调和。**说话声音宏亮，呼吸从容不迫，心平气和，反映出肺脏功能良好，抵抗力强。
- **眼睛有神。**目光炯炯有神，无呆滞感觉，说明精气旺盛、脏器功能良好，思想活跃。
- **小便通畅。**小便无碍，说明泌尿、生殖系统大体无恙。
- **大便通畅。**大便顺利，无腹痛、腹泻之虑，则消化功能健旺。
- **体型适中。**保持体形匀称，不宜过胖。
- **牙齿坚固。**注意口腔卫生，基本上没有龋齿和其他口腔疾病。
- **腰腿灵便。**每周进行 3 次以上运动，每次不少于半小时，表明肌肉、骨骼和四肢关节有力、灵活。
- **脉搏正常。**指每分钟心跳次数保持在正常范围（60 ~ 80 次 / 分），说明心脏和循环功能良好。

经络穴位是抗衰老的妙方

经络是经脉与络脉的总称，指周身气血运行的通道。女人一旦经络出现了问题，身体里面的气血便会出现堵塞，这样就容易产生各种各样让女性朋友们烦恼的妇科疾病，导致机体代谢降低、肌肤衰老。所以平时一定要让这些道路保持通畅，才能保证身体的健康。经络可谓是人体保健、养生祛病、提高代谢、延缓衰老的重要依据。女性朋友只要懂得经络穴位理疗法，就能够为自己找到最好的养生抗衰药。

使用经络穴位是一项技术活，如果找对了穴位，再加上适当的手法，便可以益寿延年，缓解身体的各类疾病，但如果在一窍不通或是一知半解的情况下胡乱摆弄，则往往会弄巧成拙。所以，在进行自我理疗之前，要学会找准穴位。下面，我们介绍一些大众都能够使用的最简单的寻找穴位的诀窍。

手指度量法

利用手指作为穴的尺度，中医称为“同身寸”。“同身寸”与日常生活中所用的长度单位“寸”不是同一概念，千万不能混淆。由于骨节长短不一，所以即使两人同时各测得 1 寸长度，但是实际长度也会不一样。

1 寸：大拇指横宽；1.5 寸：食指和中指二指指幅横宽；3 寸：食指、中指、无名指和小指四指指幅横宽。

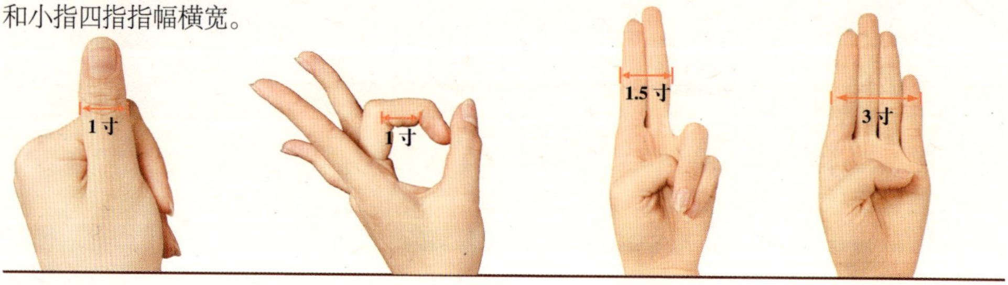

身体度量法

利用身体及线条的部位作为简单的参考度量，如眉间到前发际正中 3 直寸为印堂穴。

标志参照法

固定标志：常见判别穴位的标志有眉毛、乳头、指甲、趾甲、脚踝等。如神阙位于腹部脐中央，膻中位于两乳头中间。

动作标志：需要作出相应的动作姿势才能显现的标志，如张口取耳屏前凹陷处即为听宫穴。

感知找穴法

身体感到异常，用手指压一压、捏一捏、摸一摸，如果有痛、硬结、痒等感觉，或和周围皮肤有温度差，如发凉、发烫，或皮肤出现黑痣、斑点，那么那个地方就是所要找的穴位。感觉疼痛的部位，或者按压时有酸、麻、胀、痛等感觉的部位，可以作为阿是穴治疗。阿是穴一般在病变部位附近，也可在距离病变部位较远的地方。

女人不可不知的 6 大保健穴位

足三里穴

“足”，指足部。“三里”指穴内物质作用的范围。本穴物质为犊鼻穴传来的地部经水，至本穴后，散于本穴的开阔之地，经水大量气化上行于天，形成一个较大气血场范围，如三里方圆之地，故名“足三里”。

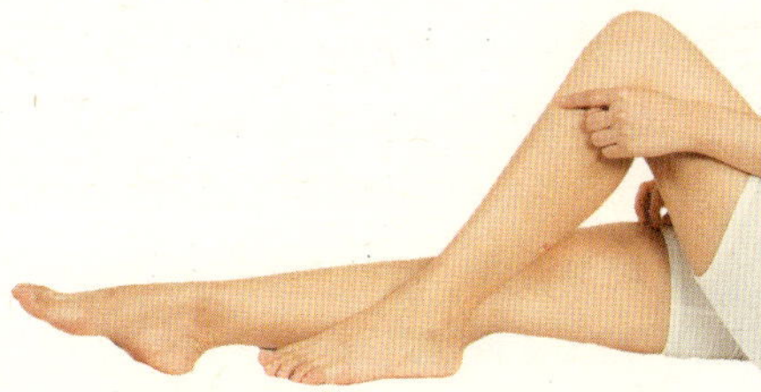

简便取穴 屈膝成 90°，由外膝眼（犊鼻穴）往下四横指，小腿两骨之间（胫、腓骨）距颈骨约一横指处既是。

一穴多用 ❶ **按摩：**用手指指腹推按 1 ~ 3 分钟，长期按摩，可改善消化不良、下肢不遂等症状。❷ **刮痧：**用面刮法刮拭穴位，以潮红发热即可，隔天 1 次，可治疗呕吐、腹胀等病症。❸ **艾灸：**用艾条温和灸灸治 5 ~ 10 分钟，1 天 1 次，可治疗腹胀腹痛、脚气等症状。❹ **拔罐：**用火罐留罐 10 ~ 15 分钟，隔天 1 次，可治疗脑卒中、脚气等病症。

三阴交穴

“三阴”，足三阴经；“交”，交会。足部的三条阴经中气血物质在本穴交会。本穴物质有脾经提供的湿热之气，有肝经提供的水湿风气，有肾经提供的寒冷之气，三条阴经气血交会于此，所以名“三阴交”。

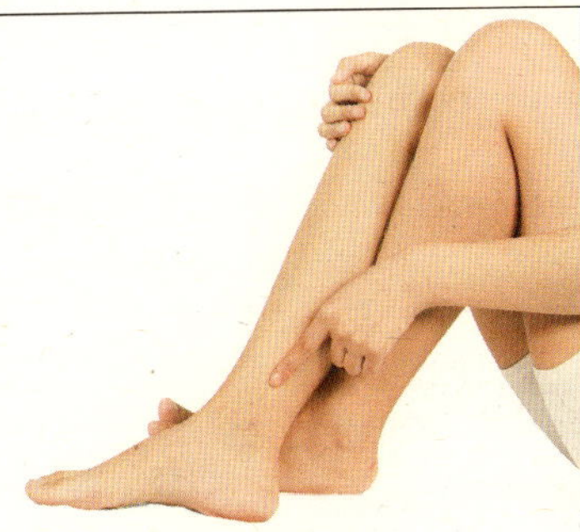

简便取穴 内踝尖向上，取自己的手指 4 指幅宽，按压有一骨头为胫骨，胫骨后缘靠近骨边凹陷处即是。

一穴多用 ❶ **按摩方法：**用大拇指指尖垂直按压穴位，有强烈的酸痛感，左右各按揉 1 ~ 3 分钟。健脾利湿，兼调肝肾。❷ **刮痧方法：**用角刮法刮拭三阴交穴，每次 3 分钟。角刮法是指用刮板的棱角以倾斜 45° 在穴位上进行自上而下的刮拭。主治肠鸣、腹胀、腹泻、消化不良。❸ **针灸方法：**直刺 0.5 ~ 1 寸，孕妇禁针。艾灸可用温和灸。

关元穴

"关"，关卡的意思，"元"指元首、首脑的意思。下部气血上传时，在经过本穴会得到整顿，整顿后只有小部分可继续上传，故名为"关元"。

简便取穴 取仰卧位，在下腹部，肚脐眼下3寸，约下4横指处。

一穴多用 ❶ 按摩：用手指指腹推揉2～3分钟，长期按摩，可改善痛经、失眠等。❷ 刮痧：用刮痧板边缘刮拭穴位，以出痧为度，隔天1次，可治疗遗精、阳痿、遗尿、尿潴留等病症。❸ 艾灸：用艾条温和灸灸治5～10分钟，1天1次，可治疗荨麻疹、痛经、失眠等症状。❹ 拔罐：用火罐留罐10～15分钟，隔天1次，可治疗失眠、痢疾、脱肛等病症。

神阙穴

"神"，指的是神行、神气，"阙"，指门楼、牌坊。这里是指神气运行的门户，所以名为"神阙"。

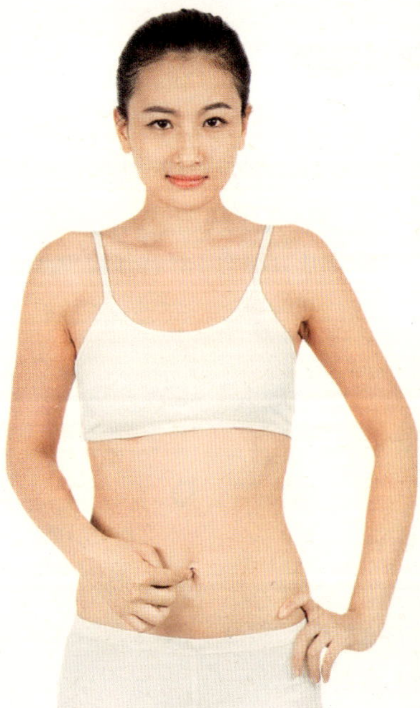

简便取穴 取仰卧位，位于肚脐眼中央处。

一穴多用 ❶ 按摩：用手指指尖点按2～3分钟，长期按摩，可改善四肢冰冷、脱肛等。❷ 艾灸：用艾条温和灸灸治5～10分钟，1天1次，可治疗腹痛、脐周痛、便秘、小便不利等症状。

四白穴

“四白”的意思是指胃经经水在本穴快速气化成为天部之气。本穴物质其性温热，由地部流至四白时，因吸收脾土之热而在本穴快速气化，形成白雾之状充斥四周，故名“四白”。

简便取穴 正坐平视，瞳孔直下垂线与平鼻下缘水平线之交点既是巨髎穴，巨髎穴与瞳孔间的正中点凹陷处即是本穴。

一穴多用 ❶ 按摩：用食指指腹揉按四白 60 ~ 100 次，每天坚持按摩，能改善视力，防治眼部疾患。❷ 刮痧：由内向外刮拭四白，有通络明目的功效。❸ 艾灸：用艾条温和灸灸 5 ~ 10 分钟，可促进面部气血循环，缓解面部肌肉痉挛。

血海穴

“血”，受热变成的红色液体；“海”，大。此穴为脾经所生之血的聚集处。本穴物质为阴陵泉穴外流水液气化上行的水湿之气，为聚集之状，气血物质充斥的范围巨大如海，故名“血海”。

简便取穴 取坐位，将腿绷直，在膝盖内侧会出现一个凹陷的地方，在凹陷的上方有一块隆起的肌肉，肌肉的顶端即是。

一穴多用 ❶ 按摩：用拇指指腹点揉两侧血海穴，有酸胀感即可，左右各按揉 1 ~ 3 分钟。有健脾化湿、调经统血的作用。❷ 刮痧：刮拭时用刮板的 1/3 边缘接触皮肤，刮板向刮拭方向倾斜 45° ，利用腕力向下刮拭，可不出痧。主治月经不调、痛经、经闭、崩漏。❸ 针灸：直刺 1 ~ 1.2 寸；艾灸可用温和灸。治皮肤湿疹、丹毒。

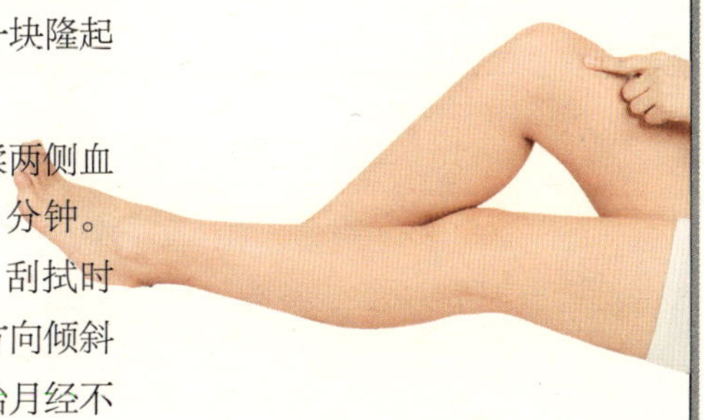

穴位按摩，让女人神采飞扬

穴位是人体脏腑经络之气输注于体表的部位，也是邪气所客之处。穴位是针灸治疗疾病的刺激点与反应点，而按摩穴位可以增强机体免疫力、防病治病。经常按摩可以有效地改善人体体质，缓解病痛。

穴位按摩

穴位是人体脏腑经络之气输注于体表的部位，也是邪气所客之处。在防治疾病时，穴位是针灸治疗疾病的刺激点与反应点，以通其经脉，调其气血，使阴阳归于平衡、脏腑趋于调和，从而达到祛除病邪的目的。而按摩穴位可以增强机体免疫力、防病治病，除此之外，还具有其他一系列的功效。经常按摩可以有效地改善人体体质，缓解病痛。

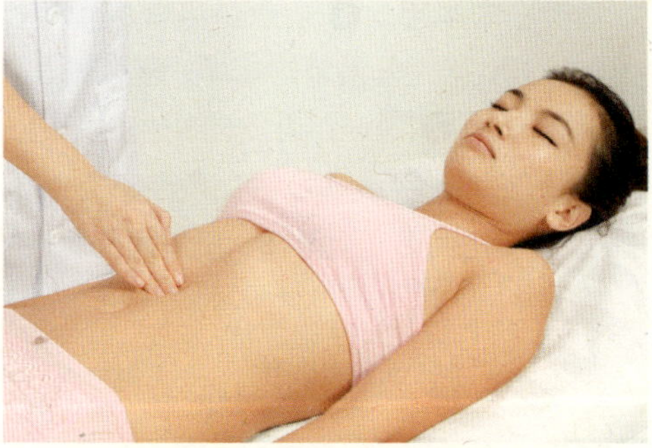

平衡阴阳，调节脏腑

阴阳失调便会引发脏腑功能的紊乱，从而导致疾病的发生。《黄帝内经》曰："阴盛则阳病，阳盛则阴病，阳盛则热，阴盛则寒。"而按摩能够调整脏腑的功能，使之达到阴阳平衡。实践证明，强而快的按摩手法能够引起神经和肌肉的兴奋，轻而缓的按摩手法则可以抑制神经、肌肉的功能活动。如果使用轻揉手法对头部进行推抹，则能够抑制大脑皮质；如果使用较重的手法进行按揉，则可以兴奋大脑皮质。血糖过高的病人，通过按摩可以令血糖值下降；血糖过低者，经过按摩后，血糖值能够得以升高。除此之外，按摩还可以调节血压、心率，调节胰岛素和肾上腺素的分泌等。

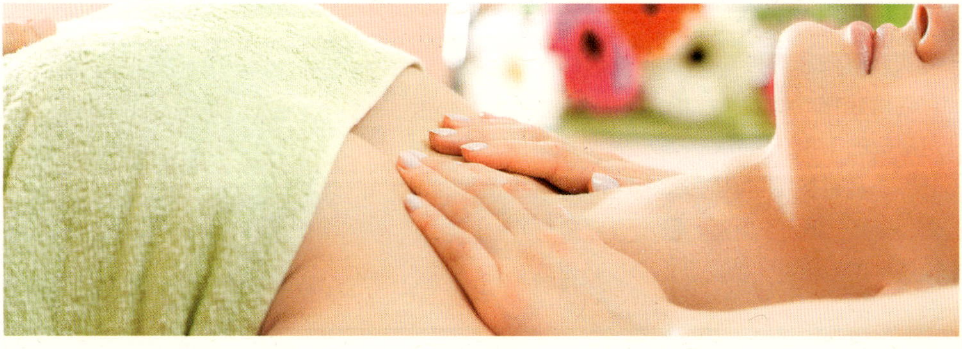

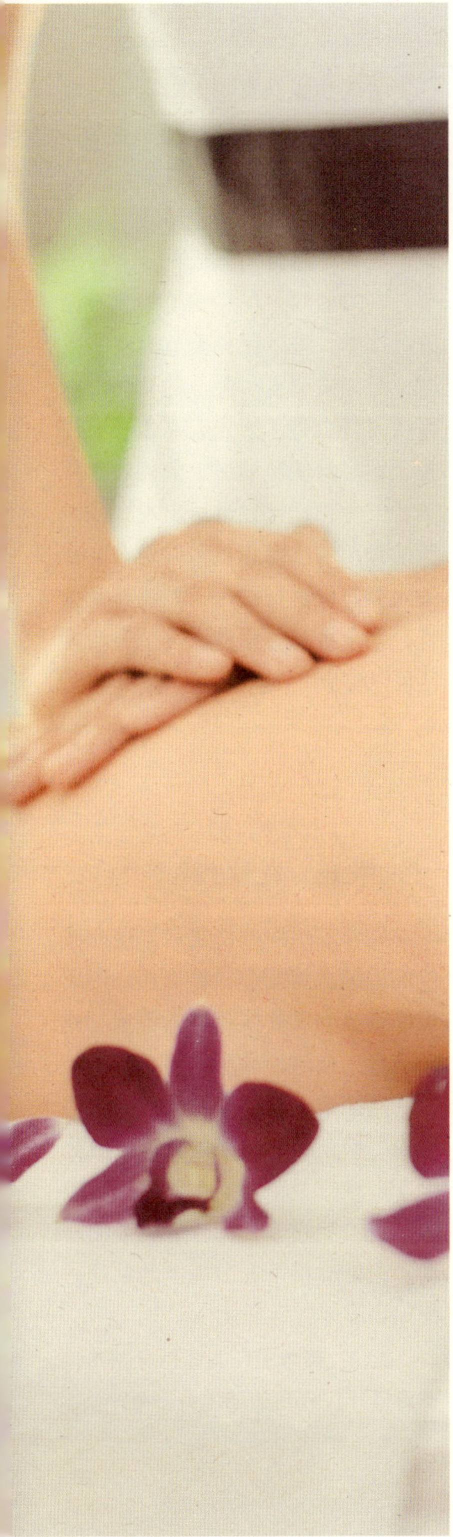

疏通经络，调和气血

作为运行气血的通路，经络内属于脏腑，外络于肢节，它将人体的各个部分有机地联系在一起。当经络不通时，机体便会发生疾病，通过按摩可以使经络疏通，气血流通，进而消除疾病。《医宗金鉴》曰："按其经络，以通郁闭之气，摩其壅聚，以散瘀结之肿，其患可愈。"如果因为腹部受寒而出现了胃痛、腹胀及不思饮食等症状，便可通过按摩胃俞、中脘、足三里等穴来温经通络、祛寒止痛。

按摩还能够延缓心肌纤维退化，扩张冠状动脉，增加供血流量，促进血氧和营养物质的吸收，进而加强心脏功能，防治冠心病、脉管病、肌肉僵直以及手足麻木、痉挛和疼痛等。如果年过四十，还能够每日坚持自我按摩的话，便可以降低血液中的尿酸水平，防止血小板聚集，从而预防脑血栓等疾病。

扶正祛邪，增强体质

《素问·邪客篇》曰："补其不足，泻其有余，调其虚实，以通其道而去其邪。"自我按摩是患者通过自我刺激穴位，增强其扶正、祛邪的功能，从而促进自身的消化吸收和营养代谢、保持软组织的弹性、提高肺活量等的一种理疗法。经常进行自我按摩能够使苍白、松弛、干燥的面部皮肤变得红润并且富有弹性，令肥胖者的身体变得灵活，使瘦弱者体重增加、身体强健，使肺气肿患者的呼吸功能得以改善，增强机体免疫力，进而防止发病等。

强壮筋骨，通利关节

骨伤疾患会直接影响到运动系统功能，自我按摩能够强健筋骨，令患者的正常功能得以恢复，令由于肌肉等软组织痉挛、粘连而导致关节失利的患者解痉松粘、滑利关节。实践证明，在病变的关节部位进行按摩，可以促进关节滑液的代谢，增强关节囊和关节的韧性。中医认为肾主骨，为先天之本，小儿先天不足，便容易患上佝偻病；壮年肾气亏损，就会过早出现颈椎、腰椎骨质增生等病。经常对肾俞、关元等穴位进行按摩，能够补肾强骨，令全身筋骨强健、关节灵活，还可以防治上述病变。

活血化瘀，消肿止痛

肢体软组织损伤之后，这个部位的毛细血管便会破裂出血，形成局部瘀血而又肿胀疼痛的现象。外伤或者出血这种局部的刺激可引起血管的痉挛。而按摩能够加速局部供血、消散瘀血、松解粘连、消除痉挛、恢复关节功能。如肩周炎患者经过自我按摩并配合肩关节的运动后，能够松解关节周围的粘连，消除局部疼痛而痊愈。

总之，按摩不仅能够强身健体、益寿延年，还可以防治许多疾病。

穴位按摩的 4 大原则

自我按摩进行防病、治病的时候，大体上要遵循以下几个原则。

先轻后重。

在对身体进行按摩的时候，一定要注意先轻后重，这样便能够让身体有一个适应的过程。

宜慢不宜快。

按摩穴位时，要注意保持一个柔和的速度，力度要均匀，太快就会显得生硬粗暴，甚至还会产生不良反应。

胖人用力要略重。

胖人的脂肪层较厚，所以对于外来的压力会有一定的缓冲作用，胖人在进行自我按摩的时候，只有用力略重才能够起到治疗的效果。

先轻后重，且穴位所处的部位不同，按摩的力度也不同。

开始按摩穴位的时候，注意用力要轻，然后再逐步加大力量。按摩不同的身体部位的时候，要使用不同的力度，如腰部、臀部、腿部力度可大；胸前、腹部力度适中；脑部的穴位要略微轻柔，但也不能太轻；肾部不能拍打、击打。另外，年轻人力度可加大，老人、小孩力度要减小。

人的头部的肌肉都很薄弱，感觉也比较敏感，所以在对头部进行按摩的时候，注意用力一定要轻，但是太轻以至于没有感觉也是起不到治疗效果的。因此，在按摩头部穴位时，应适度把握力度。

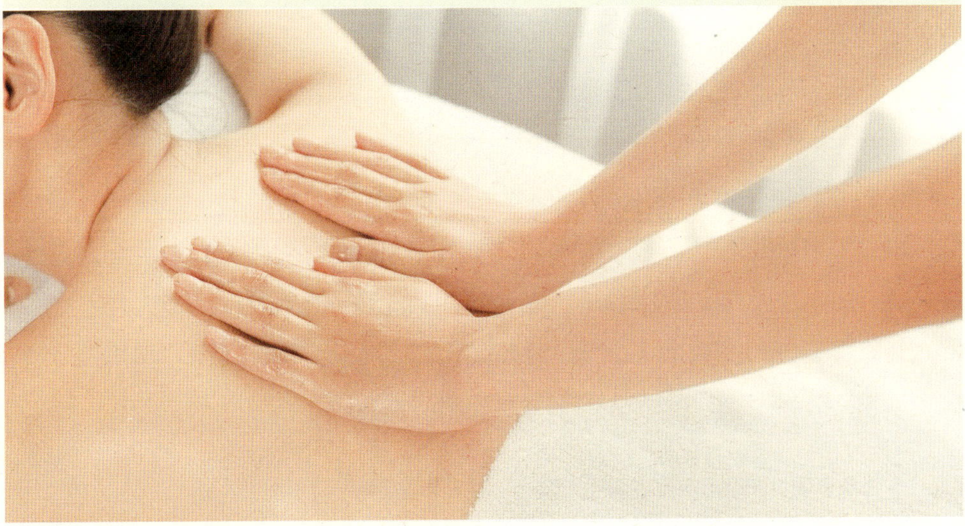

常用穴位按摩

按摩天枢穴

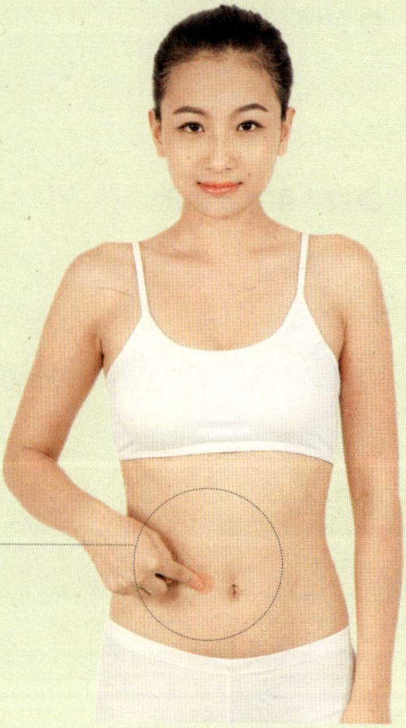

穴内气血循胃经运行，胃经上下两部经脉的气血相交本穴后，因其气血饱满，除胃经外无其他出路，上走大肠经，向更高天部输送，故名“天枢”。

取穴方法

站立或仰卧，位于腹部，由脐中水平旁开 2 横指（中指、食指）既是本穴。

按摩方法

仰卧，双手同时放在腹部上，用（食、中、环）指合拢揉按此穴 1 ~ 3 分钟。

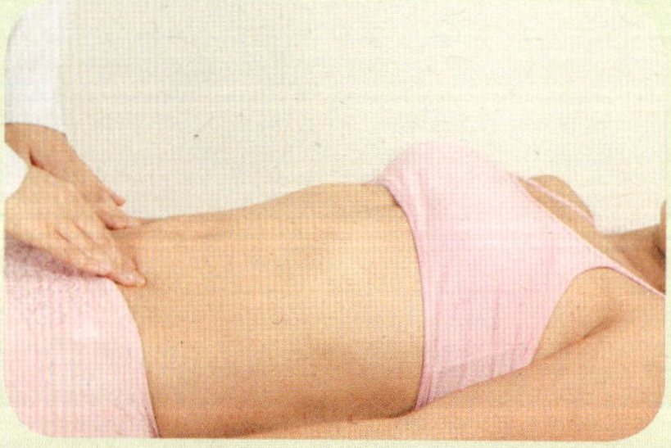

按摩功效

有调理胃肠、消炎止泻、通利大便的作用。主治腹痛、腹胀、便秘、腹泻、痢疾消化不良等症状。

注意事项：按摩可自己或请他人进行，但按摩前需将手洗干净。

按摩内关穴

“内”，内部；“关”，关卡；此穴的意思是指心包经的体表经水由此穴位注入体内。心包经体内经脉经水的气化之气，无法从本穴的地部孔隙外出体表，如同被关卡挡住了一样，所以名“内关”。

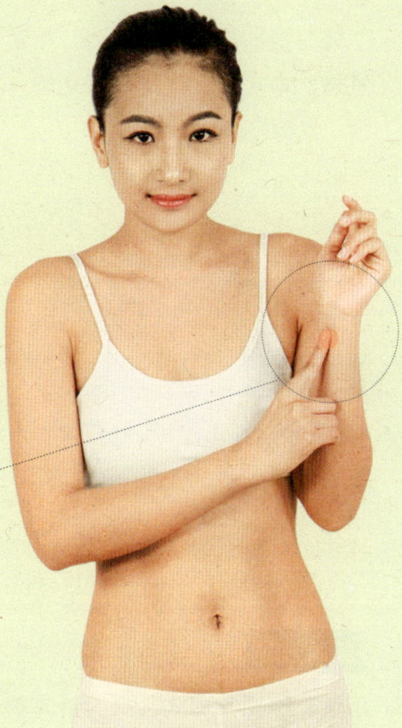

取穴方法

将右手三个手指头并拢，无名指放在左手腕横纹上，这时右手食指和左手手腕交叉点的中点，就是该穴。

按摩方法

拇指指尖或指甲尖垂直掐按穴位，有酸、胀、微痛的感觉，按 1 ~ 3 分钟。

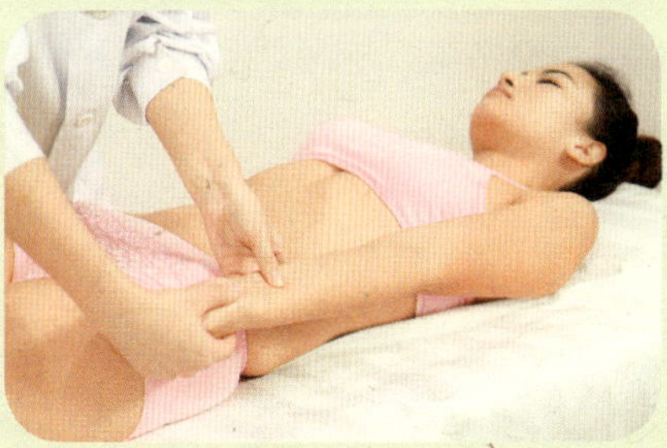

按摩功效

有宁心安神、和胃理气的作用。主治心痛、心悸、胸痛、胃痛、呕吐、呃逆、肘臂挛痛等病症。

注意事项：空腹或是饭后 1 小时内，不宜进行按摩治疗。

按摩气海穴

“气”指的是元气，“海”指汇聚的意思，本穴是元气的汇聚之地。故名为“气海”。

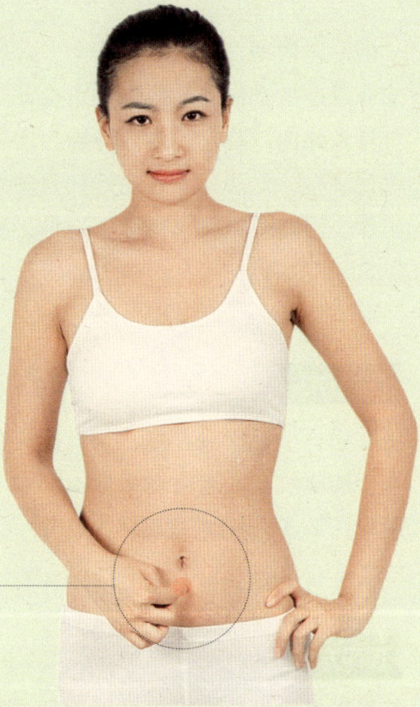

取穴方法

取仰卧位，在下腹部，肚脐眼下 1.5 寸，约下 2 横指处。

按摩方法

用鱼际按揉气海穴，顺时针有规律地按揉 3 ~ 5 分钟。

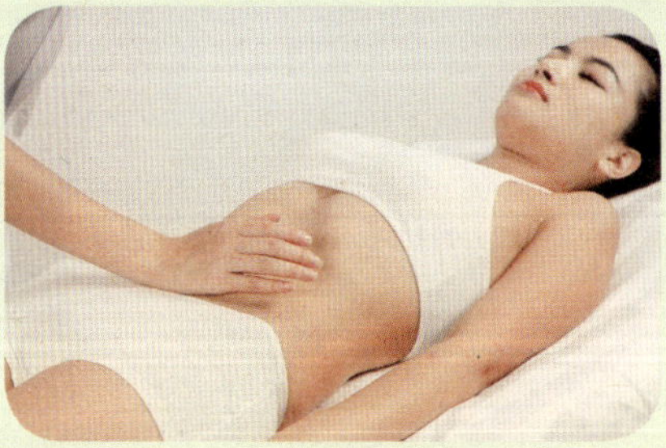

按摩功效

有补益回阳、延年益寿的作用。主治中风、下腹疼痛、四肢无力、大便不通、遗尿、气喘、肠炎等病症。

注意事项： 按摩时应避开骨骼突起处，以免挤伤骨膜，造成不必要的痛苦。

按摩印堂穴

“印”，为图章的意思；“堂”，庭堂在中间。本穴位于人体面部在前正中线上，两眉头连线的中点处，所以也称“印堂”。

取穴方法

取正坐位或仰卧位，面部，两眉头连线中点即是。

按摩方法

用食指中指紧并放于印堂穴上，由轻渐重，揉按50次。

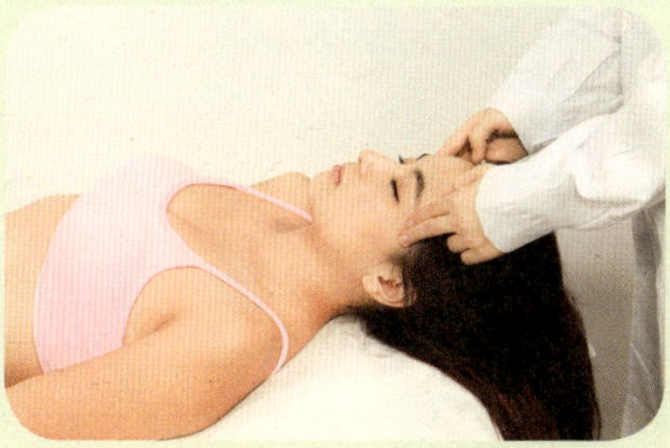

按摩功效

醒脑开窍，通鼻明目。主治头痛、头晕、鼻塞、鼻炎、高血压、失眠、神经衰弱、痴呆等病症。

注意事项：按摩时可在选定部位涂抹少量凡士林，以润滑皮肤，防止擦伤。

按摩太阳穴

“太”指高或极的意思，“阳”指阴阳，在头颞部微微凹处，俗称为太阳穴。但本穴位于它的上面，也称之为“太阳”。

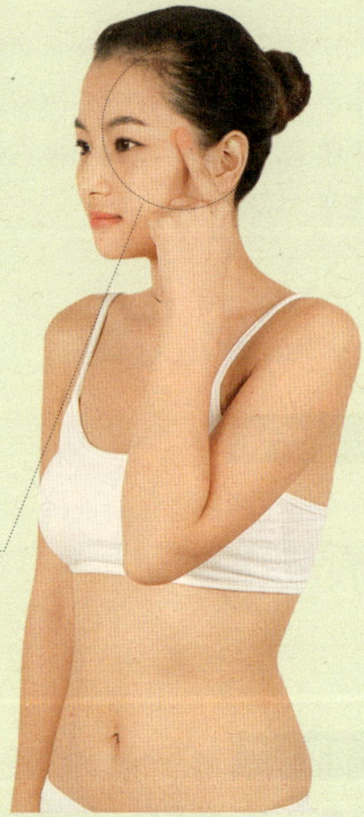

取穴方法

坐位或侧卧位，在颞部，当眉梢与目外眦之间，向后约 1 横指的凹陷处。

按摩方法

两手大拇指指尖分别放于两侧太阳穴上，顺时针或逆时针揉太阳穴 30 次。

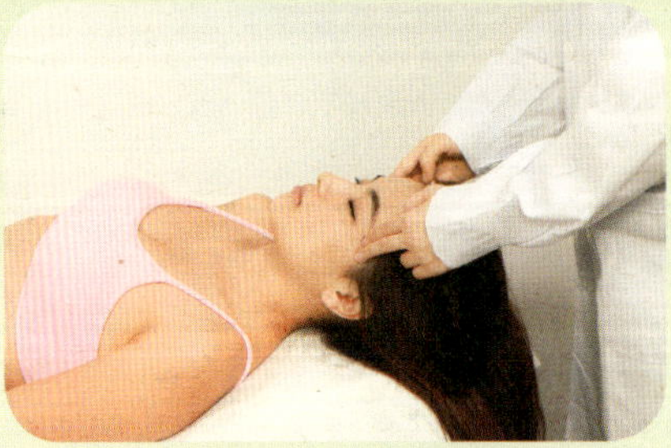

按摩功效

清肝明目，通络止痛。主治头痛、目赤肿痛、口眼㖞斜、牙痛、三叉神经痛、视神经萎缩等病症。

✚ **注意事项**：在按摩过程中，应该做到全身肌肉放松，使全身经脉疏通，气血流畅。

按摩支沟穴

此穴是指三焦经气血在这个穴位吸热扩散。本穴物质为外关穴传来的阳热之气，水湿较少，到达本穴后，又吸热胀散为高压之气，此气按其自身的阳热特性，循三焦经经脉渠道向上，扩散之气像树分叉一样，故名“支沟”。

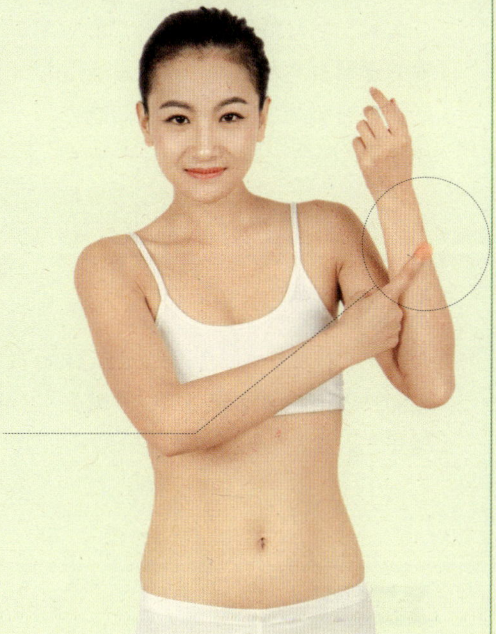

取穴方法

手平伸，用另一手从腕横纹处向上取4指宽，手指边缘中点处即是。

按摩方法

用一手轻握另一手腕，大拇指在内侧，四指在手外侧，中指指尖垂直下压，按揉穴位，会有酸、痛的感觉，先左后右，各按揉1～3分钟。

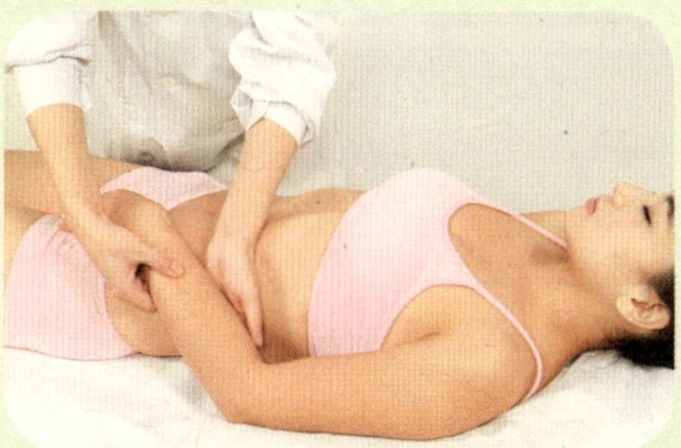

按摩功效

有清利三焦、通腑降逆的作用。主治耳聋、耳鸣、肩背酸痛、胁肋痛、呕吐、习惯性便秘、热病等病症。

注意事项：按摩的手法要轻，按摩至皮肤微微发热或有红晕即可。

按摩大肠俞穴

“大肠”，大肠腑的意思；“俞”，输的意思。“大肠俞”的意思是指大肠腑中的水湿之气由此外输膀胱经，故名“大肠俞”。

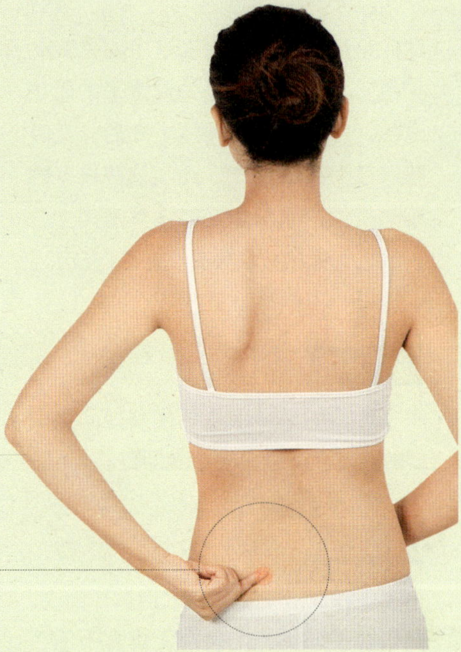

取穴方法

采用坐式或俯卧，大肠俞位于人体的腰部，当第四腰椎棘突下，腰阳关穴旁开 2 指宽处。

按摩方法

俯卧，术者站其侧边，用手掌根部的力度去揉按大肠俞穴至潮红发热。

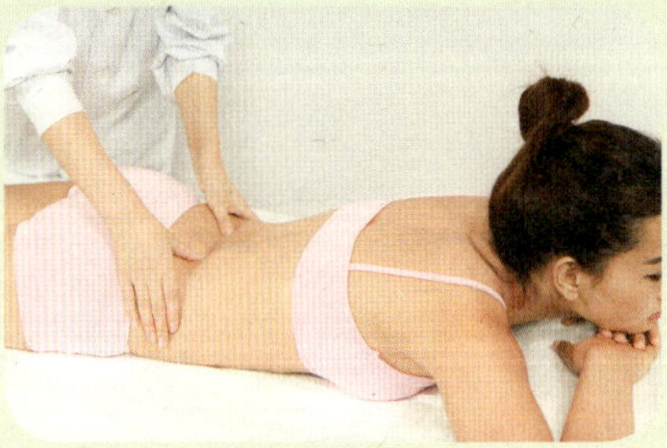

按摩功效

有理气降逆、调和肠胃的作用。主治腹胀、泄泻、便秘、腰痛等症状。

注意事项：按摩时，手掌要紧贴皮肤，向下的压力不要过大。

按摩归来穴

“归”，还的意思；“来”，返的意思。“归来”是指恢复和复原的意思，所以名“归来”。

取穴方法

仰卧，同身寸量法，脐中下 5 横指，任脉旁开 2 寸即是本穴。

按摩方法

站立或仰卧，手掌呈空心掌，双手同时拍打两侧的该部位至潮红发热。

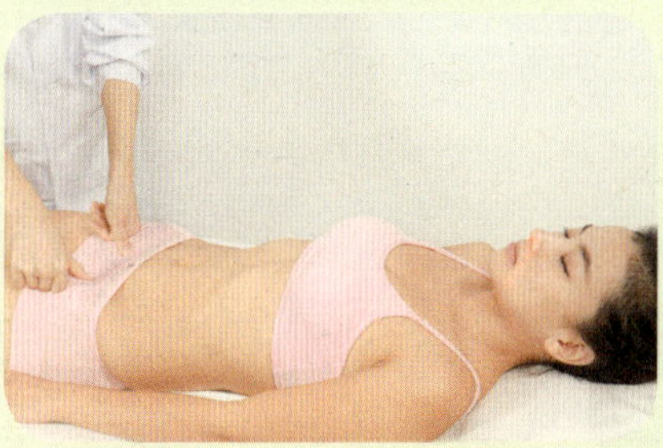

按摩功效

有调经止带的作用。主治腹痛、疝气、月经不调、白带、阴挺等症状。

注意事项：手指的动作、力度、速度等方面都要保持一致，不能一下快一下慢。

按摩曲泉穴

“曲”，隐秘；“泉”，泉水。此穴的意思是指肝经的水湿云气在此聚集。本穴物质为膝关穴传来的水湿之气，至本穴后为聚集之状，大量的水湿如隐藏于天部之中，所以名“曲泉”。

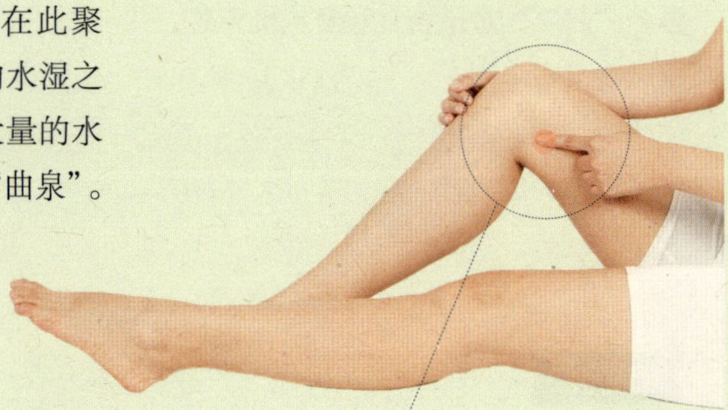

取穴方法

屈膝正坐，膝内侧横纹端凹陷处即是。

按摩方法

用手指指腹端按压穴位，有酸胀、疼痛的感觉，做环状运动，先左后右，各按揉 3 ~ 5 分钟。

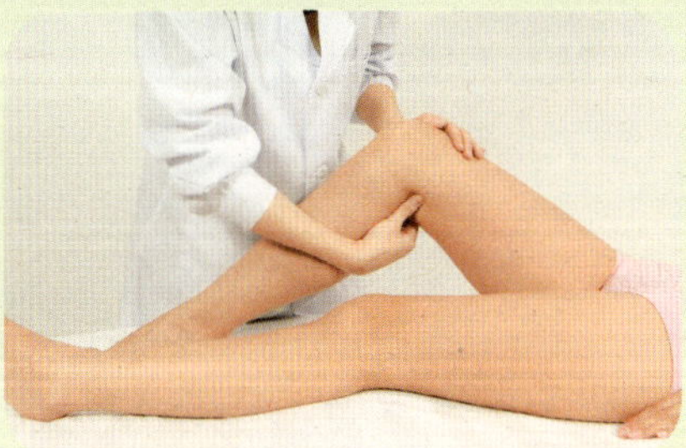

按摩功效

有清利湿热、通调下焦的作用。主治月经不调，痛经，带下，阴挺，阴痒，产后腹痛等妇科病症，小腹痛，排尿困难，遗精，阳痿，疝气等病症。

注意事项：在按摩过程中如果呈现青紫瘀斑等症状，应立即停止按摩，休息几天。

按摩阳陵泉穴

“阳”，阳气，外侧为阳，这里指小腿外侧；“陵”，土堆，这里指突起处，腓骨小头；“泉”，指凹陷处。此穴位于小腿外侧腓骨小头的凹陷处，故名“阳陵泉”。

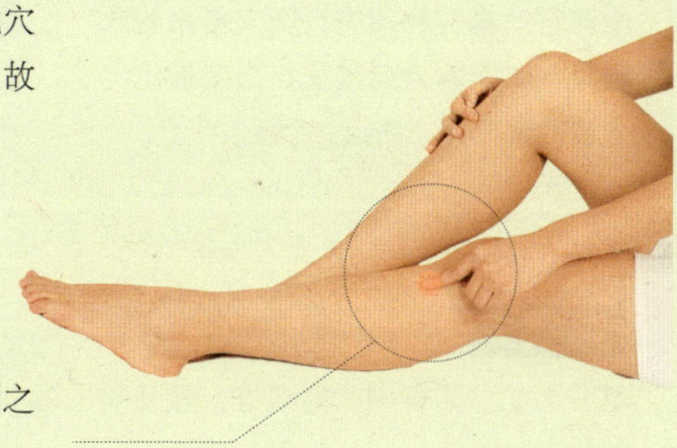

取穴方法

取仰卧位，膝盖斜下方，小腿外侧之腓骨小头稍前凹陷中。

按摩方法

将大拇指指腹放于小腿外侧的阳陵泉穴上，由轻渐重，揉按 3 ~ 5 分钟。

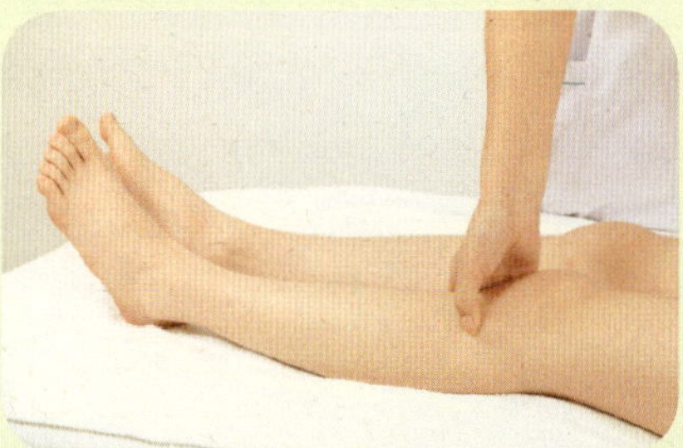

按摩功效

有清热化湿、行血祛瘀的作用。主治半身不遂、下肢痿痹、膝关节炎、高血压、呕吐、黄疸、小儿惊风、破伤风等病症。

注意事项：按摩时用力不可过大，手法要轻柔缓和，以有酸胀微痛感为准。

按摩太冲穴

“太”，大；“冲”，冲射之状。此穴的意思是指肝经的水湿风气在此向上冲行。本穴物质为行间穴传来的水湿风气，至本穴后因受热而胀散化为急风冲散穴外，所以名“太冲”。

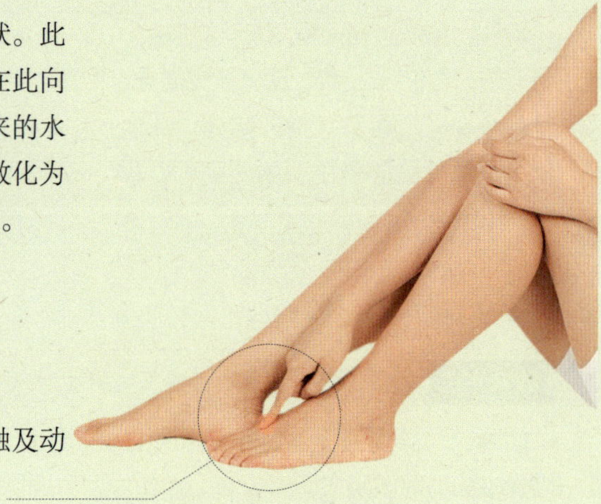

取穴方法

第一、第二跖骨间隙的后方，触及动脉搏动处即是。

按摩方法

用手指指尖垂直从下往上按揉穴位，有特殊的酸、胀、痛感，先左后右，各按揉 1 ～ 3 分钟。

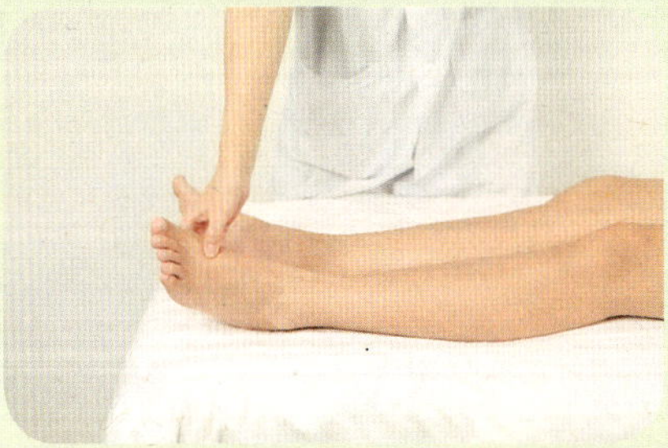

按摩功效

有平肝理血、清利下焦的作用。主治头痛、眩晕、疝气、月经不调、小儿惊风、癫痫、胁痛、腹胀、黄疸、目赤肿痛、膝股内侧痛、足跗肿等病症。

注意事项：按摩时患者应先用热水洗脚，全身放松地仰卧床上，双腿要伸直。

按摩期门穴

本穴为肝经最上一穴，由于下部章门穴无物外传而使本穴处于气血物质的空虚状态。但是本穴所处位置既不阴又不阳，既不高也不低，既无热气在此冷降也无经水在此停住，所以，尽管其穴内气血空虚，但却募集不到气血物质，唯有期望等待，所以名“期门”。

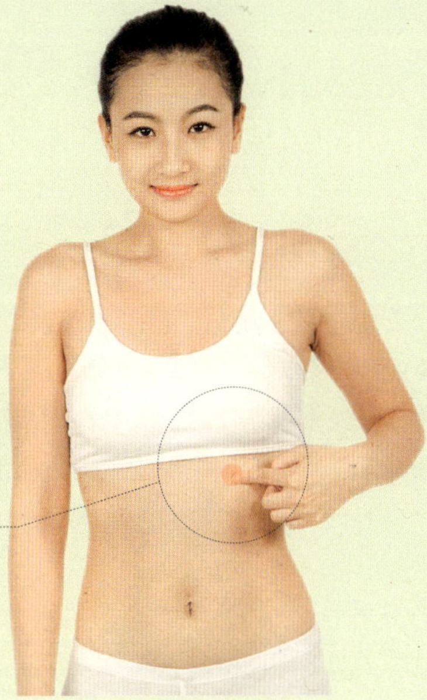

取穴方法

从锁骨往下第六和第七肋间隙之间，前正中线旁开 4 寸处即是。

按摩方法

用手掌鱼际按揉穴位，有胀痛的感觉，先左后右或同时进行，各揉按1～3分钟。

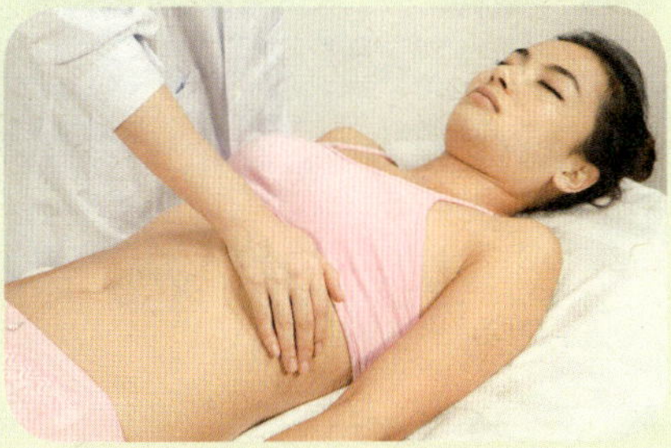

按摩功效

有疏肝健脾、理气活血的作用。主治胸胁胀满疼痛、呕吐、腹胀、泄泻、饥不欲食、胸中热、喘咳、肝炎、肝肿大等病症。

注意事项：切忌急于求成，避免因手法不当而使关节受损或发生病理性骨折。

古法艾灸，让女人活力四射

最初远古的先民采取用火烧灼身体固定部位的方法治疗疾病，灸法从此也就产生了。后来，又经过不断实践，人们最终选用既易点燃又有药理作用的艾草作为灸疗的主要材料，于是将这种方法称为艾灸。

艾灸的药理作用

艾灸是中国传统医学的文化瑰宝。由于艾灸成本低廉、操作方便，其适应证又很广，疗效显著且无不良反应，既可祛除疾病，又能强身健体，数千年来深受广大人民群众喜爱。“家有三年艾，郎中不用来”的谚语因此流传至今。

近年来，国内外出现了“中医热”“针灸热”，艾灸疗法也随之复兴，并取得了长足的进步，出现了“燎灸”“火柴灸”，以及现代灸疗仪器。迄今为止，全世界已有100多个国家和地区将我国的艾灸疗法作为解除患者病痛的治疗方法之一。

局部的温热刺激是治疗疾病的关键因素，这种温热刺激可以改善局部血液循环和淋巴液循环，加速细胞新陈代谢，促进炎症的消失，修复损伤组织，使肌肉、神经的功能与结构恢复正常。艾灸对人体产生的刺激作用可激发机体产生一系列的反应来应对这种变化，从而产生一种良性的调节作用，以达到治病的目的。

艾叶药性偏温，其燃烧产生的烟的主要成分配合艾火产生的热力可温通气血、温经散寒。艾烟中的艾叶油具有杀菌作用，艾叶油的主要成分有兴奋神经中枢的作用，可解热、止血、镇痛。艾叶燃烧的生成物可附在穴位皮肤上，通过艾灸产生的热力渗进体内，产生药效，达到治病的目的。

艾灸的注意事项

艾灸疗法既可治疗虚证、寒证，又可治疗热证、实证。艾灸疗法的治疗范围非常广泛，但在艾灸疗法的具体操作中，还应注意以下事项。

- 在施灸时要聚精会神，以免烧烫伤被灸者的皮肤或损坏被灸者的衣物。
- 对昏迷者、肢体麻木及感觉迟钝者和小儿，在施灸过程中灸量不宜过大。
- 如果被灸者情绪不稳，或过饥、过饱、醉酒、劳累等，要尽量避免艾灸疗法。
- 被灸者在艾灸前最好喝 1 杯温水，水的温度应略高于体温为宜，在每次灸治结束后还要再补充 1 杯 60℃左右的热水。
- 施灸过程中如果出现发热、口渴、出红疹、皮肤瘙痒等异常症状时，一般不要惊慌，继续采用艾灸疗法灸治下去，这些症状就会消失。
- 施灸时间应该循序渐进，施灸的穴位也应该由少至多，热度也是逐渐升高的。
- 被灸者在采用艾灸疗法治疗疾病的过程中，尽量不要食用生冷的食物（如喝冷水、吃凉饭等），否则会不利于疾病的治疗。
- 被灸者的心脏附近和大血管及黏膜附近少灸或不灸，身体发炎部位禁止采用艾灸的方法进行治疗，孕妇的腹部及腰骶部也属于禁灸部位。
- 施用瘢痕灸前，要争取被灸者的意见并询问被灸者有无晕针史。施灸的时间一般以饭后 1 小时为宜。被灸者的颜面、大血管、关节处、眼周附近的某些穴位（如睛明、丝竹空、瞳子髎等）不宜用瘢痕灸。
- 在采用艾灸疗法治疗或保健时，如果上下前后都有配穴，施灸的顺序一般是先灸阳经后灸阴经，先灸背部再灸腹部，先灸身体的上部后灸下部，先灸头部后灸四肢，依次进行灸治。采用瘢痕灸治疗疾病时，半年或 1 年灸 1 次即可，其他灸法可每日或隔日灸 1 次，10 次为 1 个疗程。

常用穴位艾灸

艾灸大横穴

“大”，穴内气血作用范围大；“横”，穴内气血运动为横向。本穴物质为天部横向传输的水湿风气。本穴物质为腹结穴传来的水湿云气，至本穴后因受脾部外散之热，水湿云气胀散而形成风气，天部的横向传输，故名“大横”。

取穴方法

仰卧位，五手指并拢，手指朝下，拇指放于肚脐处，小指边缘平肚脐处即是。

艾灸方法

将艾灸盒放于大横穴上灸治 20 ~ 30 分钟。

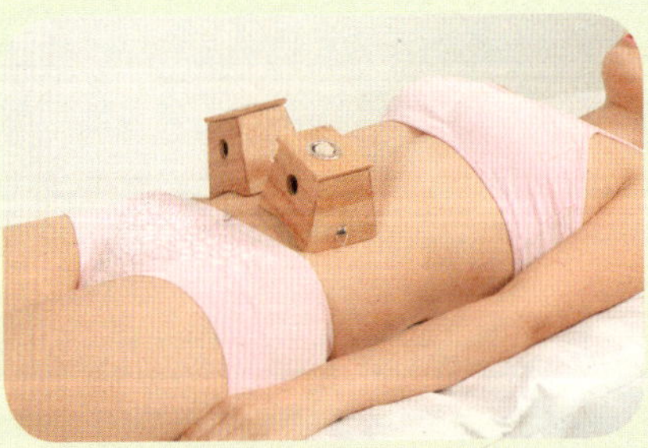

艾灸功效

有除湿散结、理气健脾、通调肠胃的作用。主治泄泻、便秘、腹痛、腹胀等病症。

注意事项： 初次艾灸时要掌握好刺激量，循序渐进，先小剂量艾灸，以后再加大剂量。

艾灸手五里穴

“手”，穴位在手部；“五里”，穴内气血物质所覆盖的范围。本穴物质由下廉穴传来，下廉穴是水湿云气开始下降的过程，手五里穴则是水湿云气降地之所，下廉穴所处天部位置比上廉穴高，其所降之浊亦比手三里穴所覆盖的范围要大，所以名“手五里”。

取穴方法

屈肘，在曲池与肩髃的连线上，曲池上3寸处即是。

艾灸方法

用艾条回旋灸法灸治手五里穴10～15分钟。对侧以同样的方法操作。

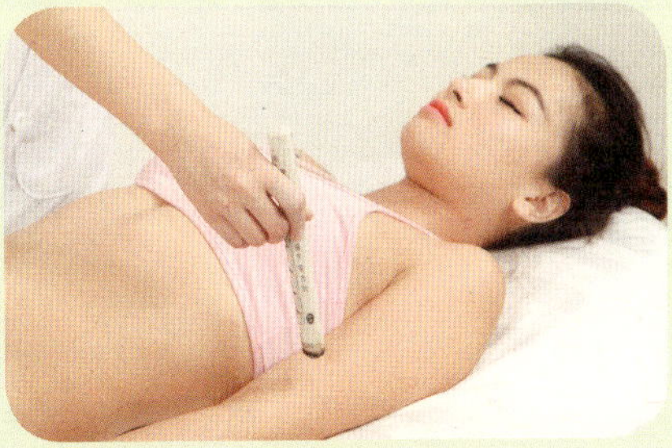

艾灸功效

有理气散结、通经活络的作用。主治咯血、肺炎、扁桃体炎、嗜睡、上肢疼痛、肋间神经痛等病症。

注意事项：对于养生保健灸，要长期坚持，偶尔艾灸是收不到预期效果的。

艾灸曲池穴

“曲”，隐秘、不太察觉的意思；“池”，指水的围合之处、汇合之所。此穴的意思是指此处穴位的气血物质为地部之上的湿浊之气。此穴物质为手三里穴的降地之雨气化而来，位于地之上部，性湿浊滞重，犹如雾露，为隐秘之水，所以名“曲池”。

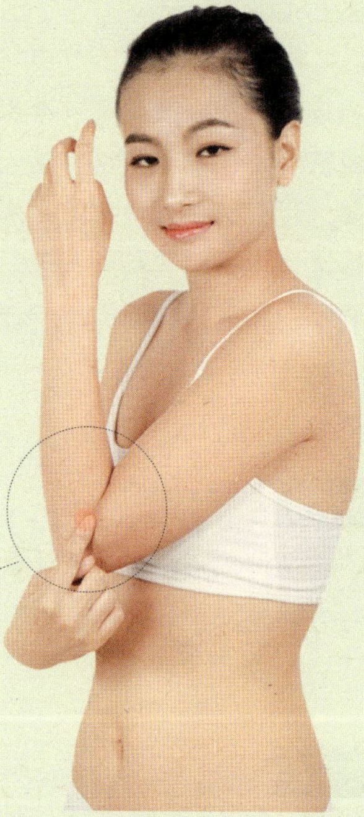

取穴方法

屈肘，将手肘内弯时用另一手拇指下压此处凹陷处即是。

艾灸方法

用点燃的艾条在曲池穴上灸治10～20分钟，以局部皮肤潮红为度。

艾灸功效

有清热和营、降逆活络的作用。主治发热、咽痛、半身不遂、肩痛不举、头痛、头晕、目赤肿痛、视物不清、牙痛、月经不调、风疹、湿疹、荨麻疹、腹痛吐泻等病症。

注意事项：施灸时要注意精神集中，以免烫伤。

艾灸脾俞穴

“脾”，脾脏也；“俞”，输也。“脾俞”的意思是指脾脏的湿热之气由此外输膀胱经，故名“脾俞”。

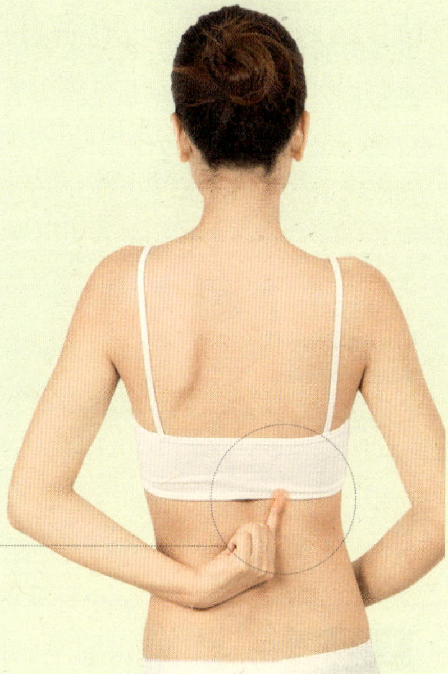

取穴方法

正坐或俯卧姿势，位于背部，当第十一棘突下，左右旁开 2 指宽处。

艾灸方法

艾灸盒放于脾俞穴上灸治 10 ~ 20 分钟，以局部皮肤潮红为度。

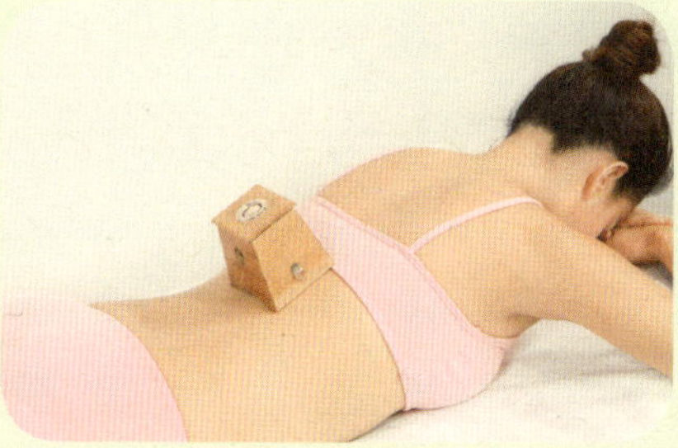

艾灸功效

有健脾和胃、利湿升清的作用。主治倦怠感、口渴、食欲不振、腹胀、腹泻等症状。

注意事项：施灸后要喝温开水，补充水分，并促进新陈代谢。

艾灸中脘穴

“中”，指中间、中部；“脘”，这里指胃部、胃腑。古人认为本穴位于胃部的中间，所以称为“中脘”。

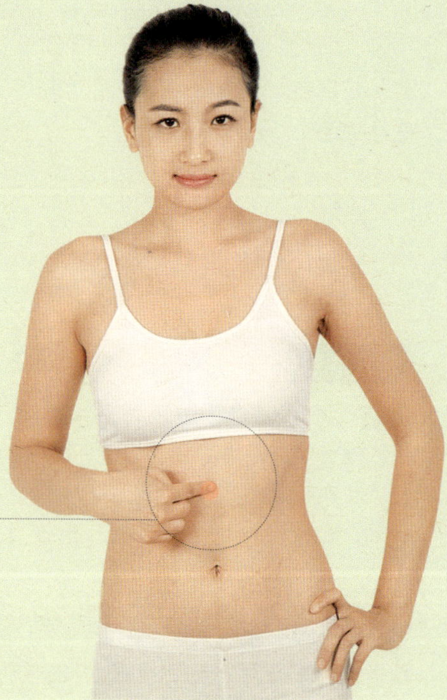

取穴方法

取仰卧位，肚脐眼上 4 寸处取穴。

艾灸方法

艾灸盒放于中脘穴上灸治 30 ~ 40 分钟，以局部皮肤潮红为度。

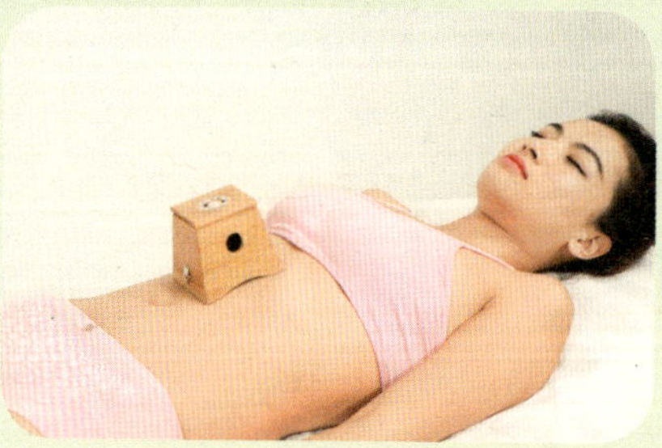

艾灸功效

有健脾化湿、促进消化的作用。主治腹胀、呕吐、痞积、便秘、黄疸、头痛、失眠、惊风等病症。

注意事项：艾灸时尽量调整呼吸，使刺激穴位时处于呼气状态，能取得较好的效果。

艾灸膻中穴

“膻”这里指的是胸部；“中”指中央、中点的意思。本穴位于胸前正中线上，两乳头连线的中点处，故称为“膻中”。

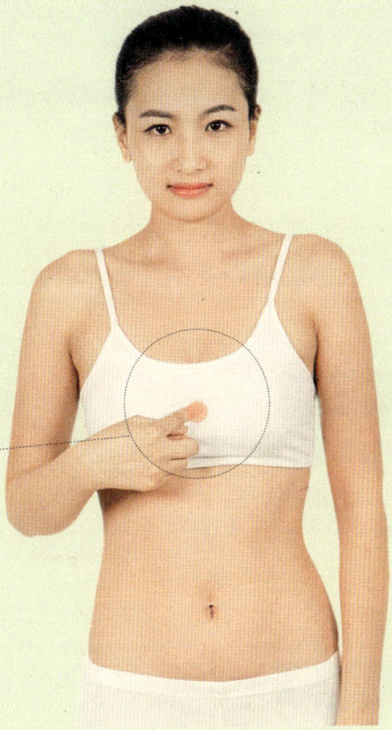

取穴方法

左右乳头平行连接连线的中点。

艾灸方法

用艾条回旋灸法灸治膻中穴 10 ~ 15 分钟，以局部皮肤潮红为度。

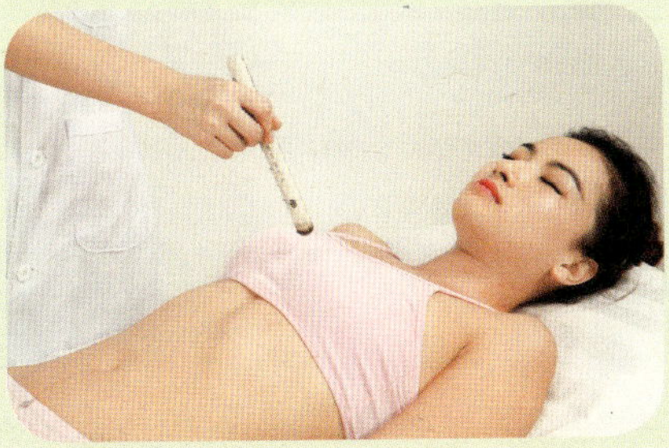

艾灸功效

活血通络，清肺止喘；主治胸痛、腹痛、呼吸困难、咳嗽、心悸、心绞痛、乳腺炎等病症。

注意事项：因施灸时要暴露部分体表部位，在冬季要保暖，在夏天要防中暑。

艾灸气海穴

“气”指的是元气，“海”指汇聚的意思，本穴是元气的汇聚之地。故名为“气海”。

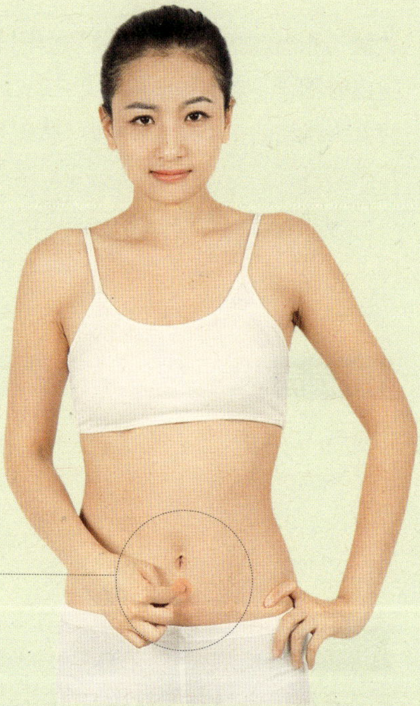

取穴方法

取仰卧位，在下腹部，肚脐眼下 1.5 寸，约下 2 横指处。

艾灸方法

用艾条雀啄灸灸治 5 ~ 10 分钟，1 天 1 次。

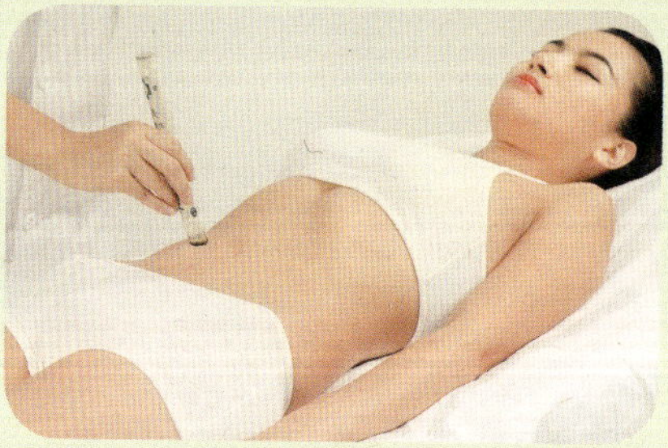

艾灸功效

有补益回阳、延年益寿的作用。主治中风、下腹疼痛、四肢无力、大便不通、遗尿、气喘、肠炎等病症。

注意事项：过度疲劳、过饥、过饱、酒醉、情绪不稳时忌灸，妇女经期忌灸。

艾灸风门穴

“风”，指此穴内的气血为风气；“门”，指出入的门户。“风门”的意思是指膀胱经气血在此上行，此穴的物质是这条经各俞穴上行的水湿之气，到此穴后吸热胀散法化风上行，故名“风门”，也称“热府”。

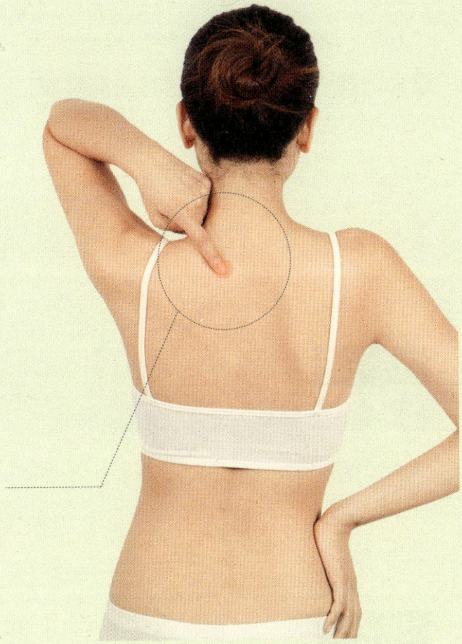

取穴方法

正坐或俯卧姿势，位于背部，朝向大椎下的第2个凹洼（第2与第3胸椎间）的中心，左右各2厘米左右之处即是。

艾灸方法

艾灸盒放于风门穴上灸治10 ~ 15分钟，以局部皮肤潮红为度。

艾灸功效

有宣通肺气、调理气机的作用。主治风寒感冒发热、恶寒、咳嗽、支气管炎等症状。

注意事项：因施灸不当，局部烫伤产生的灸疮，不要把疮弄破，并及时使用消炎药。

艾灸肺俞穴

"肺"，指肺脏；"俞"，输也，是足太阳膀胱经的俞穴，因其内应肺脏，是肺气转输、输注之处，为治疗肺脏疾病的重要俞穴，故"肺俞"。

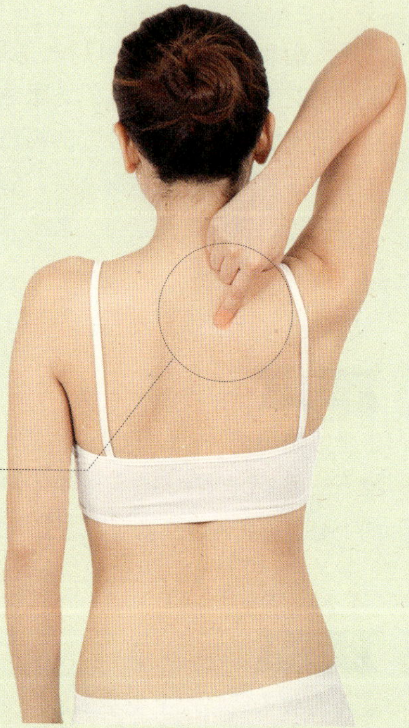

取穴方法

坐式或俯卧姿势，位于人体的背部，当第三胸椎棘突下，左右旁开2指宽处。

艾灸方法

艾灸盒放于肺俞穴上灸治10～15分钟，以局部皮肤潮红为度。

艾灸功效

有调补肺气，补虚清热的作用。咳嗽、气喘、吐血、骨蒸、潮热、盗汗、鼻塞等症状。

注意事项：艾灸施治时间应循序渐进，施灸穴位的数由少至多，热度也是逐渐增加的。

艾灸肾俞穴

“肾”，肾脏的意思；“俞”，输的意思。“肾俞”是指肾脏的寒湿水气由此外输膀胱经，故“肾俞”别名“高盖”。

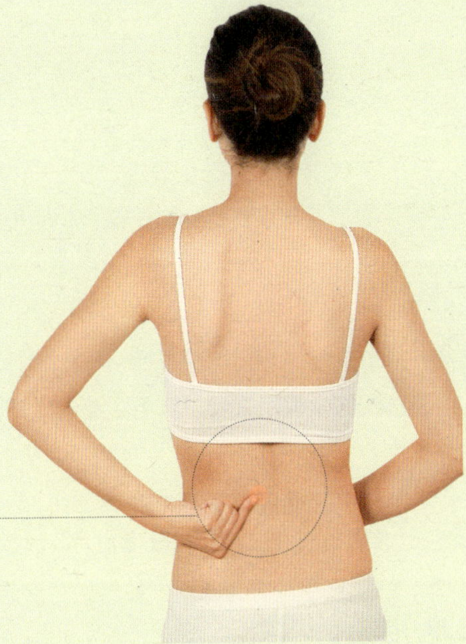

取穴方法

采用俯卧姿势，肾俞穴位于人体腰部，当第二腰椎棘突下，左右旁开2指宽处。

艾灸方法

艾灸盒放于肾俞穴上灸治20～30分钟，以穴位上皮肤潮红为度。

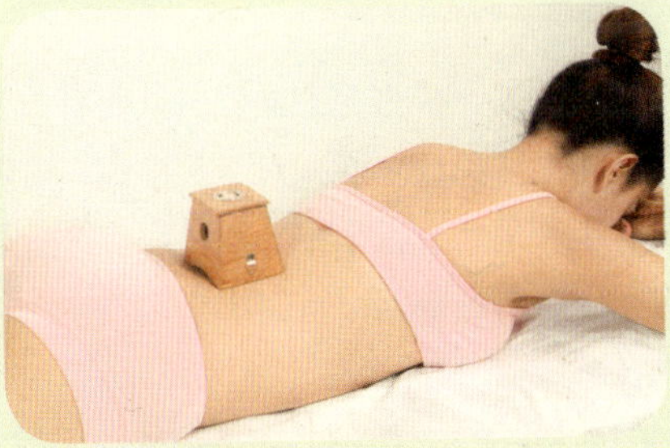

艾灸功效

有培补肾气、调节生殖功能的作用。主治腰痛、肾脏病、高血压、低血压、耳鸣、精力减退、腰肌劳损等症状。

注意事项：施灸时要注意思想集中，以免艾条移动，不在穴位上，徒伤皮肉。

药浴为新陈代谢注入正能量

药浴对人体具有独到功效，自古以来一直受医学界重视。通过全身泡浴，使有独特营养、保健及杀菌功效的中药植物渗透进人体，药物作用于全身肌表、局部、患处，并经吸收，循行经络血脉，内达脏腑，由表及里，从而产生效应。现代药理也证实，药浴后能增强肌肤的弹性和活力，调节各系统组织器官功能和机体免疫功能。

药浴的功效

从传统医学理论来看，药浴主要有以下治疗功效：

（1）疏通经络、活血化瘀

药浴中的活血药可以畅通血行，消除瘀血，主要用于治疗各种血瘀引起的病，对内、外、妇、儿各科均有应用。如对妇科疾病的治疗，像益母草药浴就对月经不调、痛经有很好的效果。

（2）祛风散寒、除湿、强健骨骼

药浴的功效是通过温水浸泡将热能和药效作用于皮肤，扩张毛细血管，从而有效祛除体内的风、寒、湿、热、毒，促进新陈代谢，增强人体免疫功能，对于颈椎病、肩周炎、风湿、关节扭伤、脑血栓、帕金森综合征、老年痴呆症、脑卒中、妇科病症等有显著的康复作用。如人们常见的风湿性关节炎，这类疾病用药浴治疗可谓事半功倍。水的热度加上药物本身的功效，可以起到事半功倍的效果。

（3）排毒、杀菌抗菌、止痒

药浴对皮肤可起到清洁、止痒、脱屑、软化、湿润、保护皮肤的作用，对皮肤病有良好的治疗作用，适用于泛发性神经性皮炎、银屑病、湿疹、麻风、皮肤瘙痒症等。皮肤感染和局部红肿时，这些药物可以解毒消炎、消肿止痛，有的还可以脱去坏死的腐肉，愈合创口，常见的中药有蛇床子、白矾、硫黄、雄黄等。

（4）清热解毒、消肿止痛、延年益寿

凡能清解热毒或火毒的药物叫清热解毒药。这里所称的毒，为火热壅盛所致，有热毒和火毒之分。药浴中不少药物都有清热解毒、提高免疫力的功效，主要适用于痈肿疔疮、丹毒、瘟毒发斑、痄腮、咽喉肿痛、热毒下痢、虫蛇咬伤、癌肿、水火烫伤及其他急性热病等。现代人生活压力大，节奏快，生存环境日益恶劣，因此经常出现“火毒”“体虚”，如很多女孩在前胸和后背，特别是后背长出很多红红的小丘疹，中医认为这种症状是脾胃湿热和体内火大所致，所以泡澡时要选用清热解毒和抑菌消炎的配方。

（5）调节阴阳、协调脏腑、通行气血、濡养全身

中医认为“心藏神，主神明，心窍开通则神明有主，神志清醒，思维敏捷。若心窍被阻，清窍被蒙，则神明内闭，神志昏迷”。现代人很多处于亚健康，常常出现身心疲惫、头晕乏力、心烦失眠，而药浴则是缓解这些症状的有效方法。出现这些症状主要与五脏有关系。

（6）洁净皮肤、滋养皮肤、美容养颜、防病抗衰老

关于用药浴来保养皮肤的方法，早在古代就有很多记载。杨贵妃和慈禧太后就很喜欢通过药浴来保养皮肤，延缓衰老。随着岁月的流逝及外界环境的破坏，皮肤的保护膜会被破坏，胶原蛋白及皮肤的含水量都会降低，就会出现皮肤松弛、皱纹、各种色斑沉淀等。通过药浴不但可以排出体内毒素，更能将药物成分渗透到肌肤里，让肌肤吸收，从而保养皮肤。

药浴的作用机理

从传统医学理论来看，药浴主要有以下治疗功效：

功

人体躺入泡浴桶后，芳香宜人的药力通过泡浴者皮肤的毛囊孔、皮脂腺孔、汗腺孔、角质细胞及其间隙攻入体内，这是药力渗入体内强力做功的过程。在这个过程中皮肤发挥吸收的功能，泡浴者要放松自己，最大可能地让皮肤吸收药力，将药物气力渗入体内，发挥药效。

散

药物强大气力渗入体内后，以气推血，以血带气，血气加速在全身的循环。药物气力进入血液循环和经络系统，通过血液循环和经络的作用，药力开始在全身散开，内达五脏六腑，外通肢体百骸，无所不到。在此过程中，人会感觉心跳加速、胸闷气短、恶心、四肢麻木、身体局部疼痛等，这属于正常反应，若感觉越强烈说明泡浴者身体整体状况存在的不健康问题越多，经过规定次数的泡浴调理之后会感觉越来越正常而没有太大反应，身体也逐步回到本真的健康状态。

通

药力开始在全身散开的过程中，血液循环会加速，心跳速度一般会达到正常情况的 1.5 ~ 2 倍。在此过程中，通过药力的作用会强力打通全身的血脉和经络，同时高速洗涮血管及体内的污浊和毒素。只要是身体有瘀结的部位，在打通的过程中都会疼痛，经过规定次数的泡浴之后，将瘀结部位的血脉或经络打通修复之后，疼痛自然消失，瘀结部位的病变隐患也彻底消除。

排

在药力完成功、散、通之后，高速血液循环所洗涮的血管、体内的污浊毒素开始通过发汗、排便排出体外。泡浴者离开浴桶后要喝 1 ~ 2 千克温的调理养生茶，为发汗补充水分；然后躺下，躺下时，头和脚均要垫 1 个至 1 个半枕头高度的枕头物，使得身体呈“︶”状弧形，以利于全身气血持续高速循环。

药浴的使用注意

药浴的【用法】

药浴的功效必须要配合正确的沐浴方法才能更好地发挥，尤其对于首次进行药浴的人，现在以全身浴为例，介绍药浴的【用法】。

□ **溶解**：用 10 倍于药包（粉）的开水浸泡 5 ～ 10 分钟。

□ **调好水温**：根据自己的耐热习惯在 39℃～ 45℃来调整水温，如果首次泡浴没经验水温就调到夏天 39℃、冬天 42℃，并且在泡浴过程中适当调整温度。

□ 把溶解好的药包和药水同时倒入木桶里，之后要用手揉捏药包，把里面的有效成分挤压出来。

□ 首次泡药浴因为没有经验，所以有一些身体反应后就有些害怕不敢再泡下去，只要在耐受范围之内，鼓励自己多坚持一段时间，最好达到 10 分钟以上，直到发现有排毒反应后再休息，另外可以采用中间休息 2 ～ 3 次、每次 3 分钟的方法来缓解身体不适，只要累计泡浴时间达到 20 分钟即可。

□ **根据反应调整水温**：不同的人耐受力有很大的差别，所以第一次进水 5 ～ 8 分钟时根据对于水温的感受，及时调整水温，以达到最佳的效果，否则水温高了会感到难以忍受，水温低了又没有效果，直到几次泡浴后对水温的耐受力有了把握，根据经验就可以把温度调整到位，达到满意的效果。

药浴的时间禁忌

□ 饭前、饭后半小时内不宜进行全身药浴。

□ 洗浴时间不可太长，尤其是全身热水浴。一旦发生晕厥，应及时扶出浴盆，平卧在休息室床上，同时给病人喝些白开水或糖水，补充体液与能量。

□ 临睡前不宜进行全身热水药浴，以免兴奋，影响睡眠。

药浴禁忌病症

□ 皮肤有伤口、开放性骨折应禁用药浴，防止感染。

□ 心肌梗死、冠心病、主动脉瘤、动脉硬化、重症高血压、有出血倾向者不宜使用热水药浴。

□ 严重心肺功能不全或低下者，不宜使用全身热水药浴。

□ 低血糖、心血管病病人，药浴时间不宜过长（3 ~ 6 分钟），以防昏倒；有急性传染病、妊娠者和妇女月经期不宜进行；年老体弱者，应有医护人员或家属协助照料，以防不测。

用药安全

主要包含三方面，一是必须要有科学的诊断，如果没有一定的科学常识最好不要自己配药方，选药用量不可掉以轻心；二是选药材一定要“真”；三是药浴的正确使用。如在浸泡过程中感到心跳加快或呼吸过于急促时，应起身于通风良好处稍事休息，待恢复后再次浸泡，一般分 2 ~ 3 次浸泡即可。

其他注意事项

□ 全身药浴易发生晕厥，故浴后要慢慢地从浴盆中起身，以免出现体位性低血压，造成一过性脑部缺血、眩晕。

□ 泡药浴时出现轻度胸闷、口干等不适，可适当饮水或饮料。

□ 药浴时，室温不应低于 20℃，局部药浴时，应注意全身保暖，夏季应避风，预防感冒。

□ 若有严重不适，应立即停止药浴。

促进代谢的药浴

玫瑰果浴

【性味归经】

性温，味甘、微苦。归肝经、脾经。

【适用量】

玫瑰果 50 克。

【作用】

玫瑰果浴可促进细胞新陈代谢，淡化黑斑、雀斑，恢复皮肤的嫩白。还能通过促进表皮细胞的活性来提高皮肤再生和更新能力，可以改善皮肤皱纹及松弛，增强皮肤的弹性，从而达到紧致肌肤的作用。玫瑰果浴中含有的维生素 C 有很强的清除自由基能力，是很好的抗氧化剂，有延缓衰老的作用。

【用法】

1. **直接泡浴法**：将玫瑰果 50 克放水中煎煮 30 分钟，在含药的热水中全身药浴，约 30 分钟。
2. **浓汁制作方法**：浓汁制作方法是一次性取玫瑰果浓汁，待到用时再把药液倒入热水之中。
3. **精油制备**：药浴的同时可在局部擦精油，疗效更佳。

附子浴

【性味归经】

性大热，味辛、甘，有毒。归心、肾、脾经。

【适用量】

附子 50 克。

【作用】

女性多体寒，从而导致代谢障碍，而附子浴具有补火助阳、散寒止痛的功效，对于促进代谢具有良好的作用。附子浴对于月经不调、手足冻裂、头晕神倦、腰足酸软、睡眠不安、大便溏泻等症状，以及风寒湿邪导致的关节酸痛或部分肌肉酸重麻木等症状也有很好的治疗效果。

【用法】

1. **熏洗法**：取附子 50 克，加水煎煮 30 分钟，趁热熏洗患处，一般为 30 分钟。
2. **直接泡浴法**：将附子若干，放到水中煎煮 30 分钟，使用者在含药的热水中进行全身药浴，一般为 30 分钟。
3. **坐浴**：每日 1 次，每次 30 分钟。
4. **足浴**：每日 1 次，每次 30 分钟。

姜浴

【性味归经】

性热，味辛。归脾胃、肾、心肺经。

【适用量】

姜 80 克。

【作用】

生姜可解表，有发散风寒功效，多用于治感冒轻症。泡姜浴具有促进血液循环作用，从而促进新陈代谢，改善女性体质。使用姜浴还可起到抗菌作用，保护女性健康。经常使用姜浴能够使人心情愉快，增强记忆力，激励人心。

【用法】

1. 直接泡浴法：将姜 80 克放入到水中煎煮 30 分钟，使用者在含药的热水中进行全身药浴，一般为 30 分钟。

2. 浓汁制作方法：浓汁制作法是一次性取生姜浓汁，待用时再加入到热水中。

3. 精油制备：药浴的同时可在局部擦精油，疗效更佳。

4. 坐浴：每日 1 次，每次 30 分钟。

肉桂浴

【性味归经】

性大热，味辛、甘。归肾、脾、心、肝经。

【适用量】

肉桂 50 克。

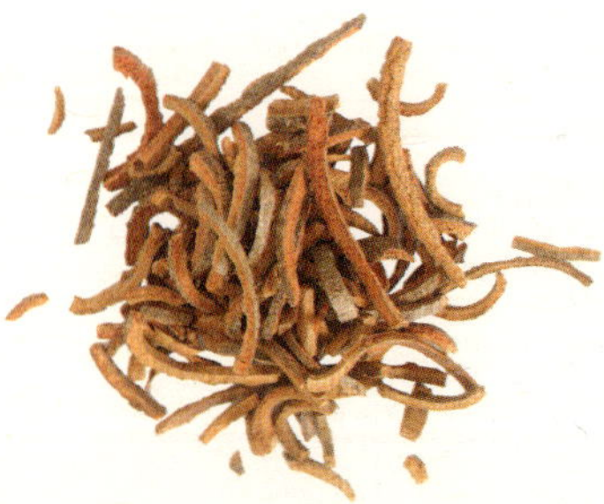

【作用】

肉桂浴具有散寒止痛、活血通经的功效，从而促进机体代谢，对于头晕神倦、腰足酸软、睡眠不安具有一定的效果。肉桂浴具有散寒止痛的功效，对于全身肌肉疼痛的感冒症状具有很好的效果。肉桂浴对于胃肠消化不良、皮肤炎症有一定的疗效。肉桂的气味可以有效地缓解沮丧、紧张的情绪。

【用法】

1. 直接泡浴法：将肉桂 50 克放入到水中煎煮 30 分钟，使用者在含药的热水中进行全身药浴，一般为 30 分钟。

2. 浓汁制作方法：浓汁制作法是一次性取肉桂浓汁，待用时再加入到热水中。

3. 精油制备：药浴的同时可在局部擦精油，疗效更佳。

4. 坐浴：每日 1 次，每次 30 分钟。

丁香浴

【性味归经】

性大热，味甘、辛。归胃经、肾经。

【适用量】

丁香 60 克。

【作用】

丁香辛温芳香，暖脾胃而行气滞，尤善降逆，故有温中散寒、降逆止呕、止呃之功，为治胃寒呕逆之要药。丁香浴可改善粗糙肌肤，使皮肤变得紧致而嫩滑。丁香浴还有防菌保健的作用，保护家人的健康。

【用法】

1. 熏洗法：取丁香 60 克，加水煎煮 30 分钟，趁热熏洗患处，一般为 30 分钟。

2. 直接泡浴法：将丁香若干放入到水中煎煮 30 分钟，使用者在含药的热水中进行全身药浴，一般为 30 分钟。

3. 足浴：每日 1 次，每次 30 分钟。

玫瑰花浴

【性味归经】

性温，味甘、微苦。归肝经、脾经。

【适用量】

玫瑰花 100 克。

【作用】

玫瑰花浴能活血、散瘀、消肿，对跌打伤痛的各种原因引起的疼痛均有一定疗效。玫瑰花浴还有理气解郁、和血止痛的功效，对于胸膈满闷、胃脘、胁肋、恶心呕吐、痈肿初起等症状有一定的疗效。玫瑰花浴对于松弛、老化或敏感的皮肤都有很好的效果，使皮肤变得光滑、紧致。

【用法】

1. 熏洗法：取玫瑰花适量，加水煎煮 30 分钟，趁热熏洗患处，一般为 30 分钟。

2. 直接泡浴法：玫瑰花 100 克，放入水中煎煮 30 分钟，用含药的热水进行全身药浴，30 分钟。

3. 浓汁制作方法：浓汁制作方法是一次性取玫瑰花药液，待到用时再将其加入到热水之中。

4. 坐浴：每日 1 次，每次 30 分钟，可用于妇科疾病。

桂枝浴

【性味归经】

性温，味辛、甘。归心经、肺经、膀胱经。

【适用量】

桂枝 50 克。

【作用】

桂枝有发汗解肌、外散风寒之功。常与麻黄同用，以开宣肺气、发散风寒。桂枝有温通经脉、散寒止痛之效，对脘腹冷痛、产后腹痛、肩臂疼痛，可配合不同的药物来提高疗效。桂枝浴还具有防菌保健的作用。

【用法】

1. 直接泡浴法： 将桂枝 50 克放入到水中煎煮 30 分钟，使用者在含药的热水中进行全身药浴，一般为 30 分钟。

2. 浓汁制作方法： 本方法是一次性取桂枝浓汁若干，每次使用时将其加入到热水中进行药浴。

3. 精油制备： 进行药浴的同时在局部擦精油，效果更佳。

白芷浴

【性味归经】

性温，味辛。归肺经、脾经、胃经。

【适用量】

白芷 50 克。

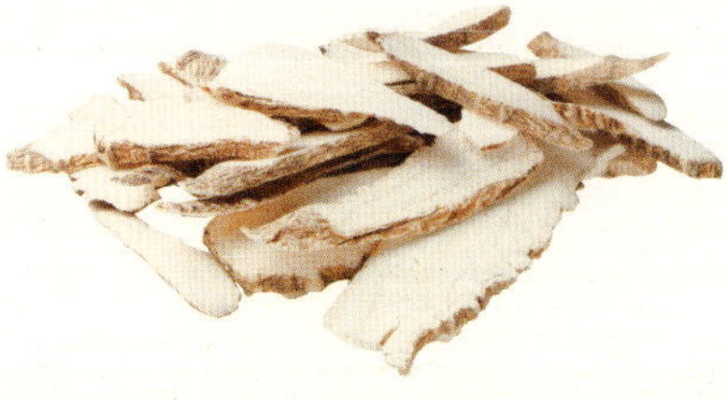

【作用】

白芷浴具有祛风散寒、止痛的功效，能改善局部血液循环，消除色素在组织中过度堆积，促进皮肤新陈代谢，进而起到美容的作用。其对“风邪”引起的外感表证，如头痛、鼻塞等有一定的效果。白芷浴还能够治疗妇人由于湿热所致的白带过多。

【用法】

1. 直接泡浴法： 将白芷 50 克放入到水中煎煮 30 分钟，使用者在含药的热水中进行全身药浴，一般为 30 分钟。

2. 熏洗法： 取白芷若干，加水煎煮 30 分钟，趁热熏洗患处，一般为 30 分钟。

3. 坐浴： 每日 1 次，每次 30 分钟。

4. 浓汁制作方法： 本方法是一次性取白芷浓汁若干，每次使用时将其加到热水中进行药浴。

款冬花浴

【性味归经】
性温，味辛。归肺经。

【适用量】
款冬花 200 克。

【作用】
款冬花辛温而润，对于咳嗽偏寒、肺热咳喘、阴虚燥咳、喘咳日久痰中带血、肺痈咳吐脓痰者等具有一定的疗效，特别对于寒痰咳嗽具有很好的疗效。款冬花浴对于紧张、焦虑、沮丧的情绪有很好的安抚作用。

【用法】
1. 熏洗法：取款冬花 200 克，加水煎煮 30 分钟，趁热熏洗患处，一般为 30 分钟。
2. 直接泡浴法：将款冬花若干放入到水中煎煮 30 分钟，使用者在含药的热水中进行全身药浴，一般为 30 分钟。
3. 坐浴：每日 2 次，每次 30 分钟。
4. 足浴：款冬花适量，加水煎煮 30 分钟，温度合适时，浸泡双足。每日 1 次，每次 30 分钟。

皂角浴

【性味归经】
性温，味辛、咸，有小毒。归肺经、大肠经。

【适用量】
皂角 50 克。

【作用】
皂角浴通利气道，软化胶结之痰，能通肺及大肠气，有通便作用。皂角浴具有散结消肿之效，对于疮肿未溃者有一定的疗效。

【用法】
1. 熏洗法：取皂角适量，加水煎煮 30 分钟，趁热熏洗患处，一般为 30 分钟。
2. 坐浴：每日 2 次，每次 30 分钟。
3. 足浴：皂角适量，加水煎煮 30 分钟，待药液温度合适时，浸泡双足。每日 1 次，每次 30 分钟。
4. 灌肠法：皂角加热煮 30 分钟，用三层纱布过滤，待水温合适后再进行灌肠，须在医生指导下进行。

Part 4

饮食篇：提升代谢力的饮食疗法

我们不仅可以吃出健康的身体，
也可以吃出美丽的容颜。
只要我们能正确认识并了解食物的妙用，
就距离“冻龄”女人更进一步啦！

"冻龄"美人不可不知的营养素

维生素

维生素 A（别称视黄醇）

<功效>

1. 保护眼睛，维持皮肤和头发健康。
2. 保护黏膜、表皮，让黏膜有抵抗力。
3. 增强免疫力，预防感冒。

<食物来源>

牛奶、三文鱼、绿色蔬菜、番薯、豌豆、花生、黄豆、玉米

维生素 B_1（别称硫胺素）

<功效>

1. 活化大脑功能，保持情绪稳定。
2. 促进肠胃蠕动和消化液的分泌。
3. 预防疲劳及脚气病。

<食物来源>

芝麻、黄豆、里脊肉、面、糙米、燕麦、豌豆、紫菜、绿色蔬菜

维生素 B_2（别称核黄素）

<功效>

1. 身体代谢糖类、蛋白质及分解脂质的必要物质。
2. 维持皮肤、头发、指甲健康的必要营养素。

<食物来源>

猪肉、猪肝、鸭肝、蛋、杏仁、沙丁鱼、乳酪、酵母粉

维生素 K

<功效>

1. 增强免疫力，防治感冒。
2. 可以促进铁质吸收，预防贫血。
3. 协助胶原蛋白生成，维持皮肤健康。

<食物来源>

樱桃、橘子、柠檬、猕猴桃、草莓、包菜、甜椒

维生素 D

<功效>

1. 能帮助合成钙和磷，强健骨骼与牙齿。
2. 维持神经、肌肉正常发育所需的营养素。

<食物来源>

干香菇、三文鱼、鲔鱼、牛肝、乳酪、蛋黄

维生素 E

<功效>

1. 人体的抗氧化剂，有效预防老化。
2. 能扩张毛细血管，促进血液循环。
3. 能预防手脚冰冷，改善肩膀酸痛。

<食物来源>

植物油、蛋黄、奶油、动物肝脏、坚果

矿物质

钙

<功效>

1. 促进骨骼牙齿发育，预防骨质疏松。
2. 具有降血压、保护心脏的作用。
3. 有延长寿命、预防癌症的功效。

<食物来源>

牛奶、豆腐、芝麻、小鱼干、杏仁、绿色蔬菜、黄豆

磷

<功效>

1. 构成骨骼、牙齿组织的重要材料。
2. 维持体内酸碱平衡，参与脂肪代谢。
3. 磷是核糖核酸（RNA）与去氧核糖核酸（DNA）的基本单位。

<食物来源>

鱼类、蛋黄、面粉、牛肉、花生、鸡肉、螃蟹

镁

<功效>

1. 能缓和情绪，缓解失眠的情况。
2. 维护神经，缓解肌肉紧张和有调节心律的作用。
3. 具有降低血压、增强心血管免疫力的作用。

<食物来源>

海带、菠菜、乌贼、腰果、花生、芝麻、杏仁、香蕉

钾

<功效>

1. 调节酸碱平衡，可排出体内多余的钠，维持正常血压。
2. 维持正常的心肌作用所需的营养素。

<食物来源>

香蕉、猕猴桃、苋菜、黄豆、紫菜、玉米、芋头、土豆

碘

<功效>

1. 能增强细胞抗氧化的作用。
2. 是甲状腺素的原料，摄取过剩或不足都会引起甲状腺肿大。
3. 有利于孕妇体内的胎儿正常发育。

<食物来源>

海带、海菜、海鱼、龙虾、干贝、海参、海蜇

锌

<功效>

1. 能维护生殖器官的正常发育成熟。
2. 可帮助蛋白质合成和制造胰岛素，维持体内酸碱平衡。
3. 能让头发肌肤保持光泽，维持指甲的健康。

<食物来源>

牛肉、猪肉、鸡肉、牡蛎、南瓜子、蛋、全麦制品、坚果、大豆

膳食纤维

膳食纤维可分为水溶性膳食纤维和非水溶性膳食纤维。水溶性膳食纤维可以溶于水中，使肠内的好菌增加，除了可以预防便秘，还可以调节糖类和脂肪的代谢，具有降低血糖和胆固醇的作用；非水溶性膳食纤维不能溶于水中，它可以增加粪便的体积，缩短食物在大肠滞留的时间，预防便秘、大肠癌。

便秘要多摄取膳食纤维，因为膳食纤维能增加大便的体积，并且可以促进肠胃蠕动，让排泄通畅。爱美的女性更要正视便秘问题，如果长期便秘，身体制造出来的毒素会由皮肤来排毒，长期下来皮肤就会产生负担，一旦皮肤新陈代谢出了问题，就会产生黑斑、痘痘、粉刺，所以利用膳食纤维来改善便秘，也同样是帮助皮肤排毒，维持正常的代谢，让皮肤保持洁净光滑的状态。

水溶性膳食纤维和非水溶性膳食纤维的营养来源

水溶性膳食纤维是指蔬菜和水果中的果胶、魔芋和芦荟中的甘露聚糖、海藻昆布中的海藻酸、爱玉子中的黏胶质等，像是香蕉、苹果、火龙果等水果也都含有丰富的水溶性膳食纤维。

非水溶性膳食纤维有木质素、半纤维素、几丁质等，不溶于水，但会吸附大量水分，如全麦面包、谷类、蔬菜等。

女性多食用膳食纤维的好处：

预防便秘、大肠癌	膳食纤维可以促进肠胃蠕动，减少粪便停留在肠道的时间，减少致癌物和肠壁接触的机会。
控制血糖	膳食纤维中的果胶可降低葡萄糖的吸收速度，延缓血糖上升的速度，有利于糖尿病患者控制血糖。
减肥瘦身	膳食纤维能增加饱足感，减少摄入过多脂肪与糖类的概率，有助于控制体重。
美容养颜	膳食纤维有助于人体进行排毒，可以促进人体进行新陈代谢，让肌肤保持光滑有弹性。

植化素

什么是植化素?

植物生化素，简称植化素，属于天然食物的色素，人体本身无法制造，必须从食物中摄取而获得。近年来，科学家、营养学家研究发现它们不仅能增强免疫力、消除自由基，还具有抗癌及预防多种疾病的作用。

植化素是最天然的健康美容食品

目前已知在天然蔬果中，含有的各类化学成分都属于植物生化素，如西红柿富含的番茄红素、葡萄含的花青素等。营养学及医学专家指出，部分植化素是人体最佳的抗氧化剂，也是防止老化、疾病的最佳天然色素。

β－胡萝卜素

<功效>

1. 分解成维生素 A，保护眼睛。
2. 去除老人斑，保护皮肤，使头发光泽有弹性。
3. 加速 DNA 修复，维持细胞运作正常。

<食物来源>

胡萝卜、番薯、芒果、哈密瓜、南瓜、菠菜、黄甜椒

前花青素

<功效>

1. 天然的抗氧化剂。
2. 预防动脉硬化、白内障。
3. 预防泌尿道发炎。

<食物来源>

蔓越莓、苹果、葡萄、葡萄子、红酒

叶黄素

<功效>

1. 天然的抗氧化剂。
2. 预防心血管疾病。
3. 美容养颜。

<食物来源>

葡萄、红酒、桑葚、蓝莓、花生

儿茶素

<功效>

1. 天然的抗氧化剂。
2. 预防癌症。
3. 美容养颜。
4. 降低血糖与胆固醇。

<食物来源>

绿茶、红茶、乌龙茶、蔓越莓、黑巧克力

柠檬黄素

<功效>

1. 天然的抗氧化剂。
2. 对抗病毒，预防感冒。
3. 抑制乳癌细胞的生长。

<食物来源>

柠檬、橘子、葡萄柚、橙子

花青素

<功效>

1. 天然的抗氧化剂。
2. 预防心血管疾病、糖尿病。
3. 对抗过敏、发炎。

<食物来源>

茄子、蓝莓、葡萄

西红柿

【营养成分】

富含有机碱、番茄碱和维生素 A、B 族维生素、维生素 C 及钙、镁、钾、钠、磷、铁等矿物质。

【美容功效】

西红柿富含有机碱、番茄碱和维生素 A、B 族维生素、维生素 C 和多种矿物质，具有美容养颜、健胃消食、生津止渴、清热解毒的功效。西红柿中含有大量纤维素，有利于排出各种毒素；西红柿中的番茄红素是很强的抗氧化剂，经常食用西红柿能够抗衰老、抗氧化，增强皮肤的弹性。

西红柿蘑菇塔

原料：西红柿 1 个，蘑菇、洋葱各适量，香菜少许

调料：醋 50 毫升，黑胡椒、橄榄油、盐各少许

做法：

1 将醋、橄榄油、盐拌匀，调成油醋汁。
2 西红柿洗净，去心，放入烤箱，烤至表皮微皱，取出备用；洋葱切丝。
3 洗好的蘑菇去柄，切片，放入沸水中烫一下，捞出沥干。
4 将洋葱、蘑菇、西红柿依次排入盘中，叠成宝塔状。
5 淋入油醋汁，撒上黑胡椒，点缀上香菜即可。

西蓝花

【营养成分】

主要含有蛋白质、糖类、脂肪、矿物质、维生素C和胡萝卜素，钙、磷、铁、钾、锌、锰等含量都很丰富。

【美容功效】

西蓝花富含蛋白质、维生素C、胡萝卜素和钙、铁等多种营养物，具有爽喉开音、润肺止咳、防癌抗癌的功效。西蓝花属于高纤维蔬菜，能有效促进肠胃蠕动，排出毒素，还能加速脂肪分解，减少脂肪堆积。

凉拌西蓝花

原料：西蓝花150克，洋葱适量

调料：生抽7毫升，陈醋8毫升，芝麻油5毫升，盐少许

做法：

1 洗净的西蓝花切小瓣，茎部分去皮。

2 洋葱去衣，切小丁。

3 水烧开，加少许盐，搅匀，倒入西蓝花焯至断生，捞出沥水。

4 将西蓝花、洋葱一起装盘，加入生抽、陈醋、芝麻油，拌匀即可。

南瓜

【营养成分】

含蛋白质、淀粉、糖类、胡萝卜素、维生素 B_1、维生素 B_2、维生素 C 和膳食纤维，以及钾、磷、钙、铁、锌等。

【美容功效】

南瓜含有蛋白质、胡萝卜素、维生素 B_1、维生素 B_2、维生素 C 和膳食纤维，以及钾、磷、钙、铁、锌等多种矿物质，具有生肝气、益肝血、补中益气、消炎止痛、化痰排脓、解毒杀虫的功效。南瓜中的膳食纤维可以润肠、通便、排毒；B 族维生素能够减少体内多余的水分，消除水肿。

咖喱双椒炒南瓜

原料：南瓜200克，洋葱丁50克，甜椒丁、青椒丁各 30 克，蒜末 20 克

调料：食用油 2 大勺，咖喱粉 1 大勺，盐半小勺，细砂糖半小勺

做法：

1 将南瓜削皮去子，洗净切成南瓜丁。

2 热锅加入食用油，倒入洋葱丁和蒜末，小火爆香。

3 加入咖喱粉，拌匀后略炒，再加入甜椒丁、青椒丁、南瓜丁及少量水，盖上锅盖，小火焖约 3 分钟。

4 加入盐、细砂糖，炒匀后盛出即可。

茄子

【营养成分】

含蛋白质、维生素A、B族维生素、维生素C、维生素P、脂肪、糖类以及矿物质等。

【美容功效】

茄子性凉，味甘，有清热凉血、消肿解毒的作用，对内痔便血有很好的疗效。紫茄皮富含维生素P，可软化微细血管，防止小血管出血，对高血压、动脉粥样硬化、咯血及坏血病均有一定的防治作用。女性经常食用茄子，对痛经、慢性胃炎及肾炎水肿有一定的辅助治疗作用。

鱼香茄子

原料：茄子300克，肉末30克，红椒、青椒、小葱各15克，生姜80克，蒜瓣2颗，芹菜叶适量

调料：豆瓣酱30克，陈醋、老抽、生抽各5毫升，盐、白糖各3克，料酒4毫升，水淀粉、食用油各适量

做法：

1 茄子切丁；红椒、青椒去子，切圈；小葱切成葱花；蒜瓣切末；生姜切片。

2 热锅注油，烧至五成热，倒入茄丁，拌匀，炸约1分钟至金黄色，捞出。

3 肉末入油锅，炒至转色，盛出；倒入姜片、蒜末、红椒圈、青椒圈、豆瓣酱，大火爆香；注水，加入料酒、生抽，拌匀；再倒入茄子丁、肉末、葱花、剩余调料，炒匀盛出，点缀上芹菜叶。

洋葱

【营养成分】

富含蛋白质、粗纤维及胡萝卜素、维生素B_1、维生素B_2和维生素C等，还含有咖啡酸、芥子酸、桂皮酸、柠檬酸盐、多糖。

【美容功效】

洋葱含矿物质硒、斛皮黄酮，有清除体内自由基的功效，增强细胞活力和代谢能力，并有防癌、抗衰老的功效。还含一种叫谷胱甘肽的物质，它可以抑制黑色素的生成，能够有效改善皮肤炎、湿疹或者肝斑等症状，从而促进脂肪代谢，有利于减肥瘦身。

洋葱裙带菜沙拉

原料：洋葱230克，水发裙带菜、生菜、虾米各50克

调料：葡萄柚汁100毫升，椰子油5毫升，白醋5毫升，盐2克，黑胡椒粉3克

做法：

1 洗净的洋葱、生菜切丝；泡好的裙带菜切丝。

2 锅置火上烧热，倒入虾米，翻炒3分钟至散发焦香，盛出待用。

3 取一碗，倒入白醋、葡萄柚汁、椰子油，撒入盐、黑胡椒粉，搅拌均匀，调成沙拉汁。

4 备好盘子，将生菜丝铺在盘底。

5 将洋葱丝、裙带菜、虾米放在碗里，浇上沙拉汁，拌匀，倒入盘中即可。

胡萝卜

【营养成分】

富含糖类、蛋白质、脂肪、胡萝卜素、B 族维生素、维生素 C。

【美容功效】

胡萝卜富含胡萝卜素、B 族维生素和维生素 C，有健脾和胃、补肝明目等功效。胡萝卜中的维生素能够缓解皮肤过敏、润泽美白皮肤；胡萝卜素有造血功能，可以改善贫血和冷血症，从而使肤色红润；胡萝卜中所含有的植物纤维能够促进胃肠蠕动，促进新陈代谢，通便排毒。

胡萝卜拌莴笋

原料：去皮莴笋 200 克，去皮胡萝卜 80 克，白芝麻 25 克

调料：盐 2 克，白糖 5 克，白醋 10 毫升，芝麻油少许

做法：

1 洗好的莴笋、胡萝卜均切成丝。

2 水烧开，放入莴笋和胡萝卜，焯一会儿，捞出沥干，装盘。

3 加入盐、白糖、白醋、芝麻油，拌匀，撒上白芝麻即可。

香菇

【营养成分】

富含糖类、钙、磷、铁、维生素 B_1、维生素 B_2、烟酸以及蛋白质类物质，并含有香菇多糖、天门冬素、腺嘌呤、三甲胺、甘露醇、海藻糖等多种活性物质。

【美容功效】

香菇中含有的维生素可预防皮肤炎症，防止脱发，使头发乌黑亮泽；纤维素能促进胃肠蠕动，防止便秘；醇类物质可转化成维生素 D，促进体内钙的吸收，增强人体抵抗疾病的能力；香菇中含有的多种活性物质具有抗氧化作用，可延缓衰老。

香菇鸡腿汤

原料：鸡腿 100 克，鲜香菇 40 克，胡萝卜 25 克

调料：盐 2 克，料酒 4 毫升，鸡汁、食用油各适量

做法：

1 胡萝卜切片；香菇切粗丝。

2 锅中注水烧开，倒入鸡腿，煮约 1 分钟，捞出鸡腿，沥干待用。

3 用油起锅，放入香菇丝，翻炒几下，倒入鸡腿，炒匀，淋入料酒，注入清水，放入胡萝卜片，搅拌匀使食材散开，倒入鸡汁、盐，拌匀调味。

4 盖上盖子，煮沸后用小火续煮约 20 分钟至全部食材熟透。

葡萄

【营养成分】

含有蛋白质、脂肪、糖类、葡萄糖、果糖、蔗糖、铁、钙、磷、钾、硼、胡萝卜素、维生素 B_1、维生素 B_2、烟酸、维生素 C、酒石酸、草酸、柠檬酸、苹果酸。

【美容功效】

葡萄具有滋补肝肾、养血益气、生津除烦等功效。葡萄中的 B 族维生素和钙能够缓解精神压力和疲倦；铁元素能够缓解女性因缺铁性贫血引起的皮肤问题，使肌肤红润有光泽；维生素 C 能够抗氧化，使皮肤润泽、白皙、有弹性。

葡萄汁

原料：葡萄 200 克

调料：白糖少许

做法：

1 将葡萄用清水洗净。

2 把葡萄、白糖一起放入榨汁机内，榨取汁液。

3 把葡萄汁倒入杯中饮用即可。

蓝莓

【营养成分】

富含维生素C、维生素E、维生素A、B族维生素、熊果苷、蛋白质、花青苷、果胶、食用纤维以及丰富的钾、铁、锌、钙等矿物质元素。

【美容功效】

蓝莓富含抗氧化剂、细菌生长抑制剂、果胶、鞣花酸、熊果苷、花色素苷、类黄酮等化合物及丰富的微量元素，而这些化合物对于人体内自由基的清除、抑制及逆转人体衰老有密切关系。

苹果蓝莓汁

原料：苹果半个，蓝莓70克

做法：

1 苹果洗净，去核，切成小块；蓝莓洗净。

2 把蓝莓、苹果和冷开水放入果汁机内，搅打均匀，最后把果汁倒入杯中即可。

猕猴桃

【营养成分】

含有多种维生素、脂肪、蛋白质、解元酸、钙、磷、铁、镁、果胶。

【美容功效】

猕猴桃含有多种维生素、蛋白质、钙、磷、铁、镁和果胶，有生津解热、和胃降逆、止渴利尿、滋补强身的功效。猕猴桃中含有的硫醇蛋白的水解酶和超氧化物歧化酶具有养颜、增强免疫力、抗衰老和抗肿消炎的功效；果胶有润滑肠道、吸收有毒物质并帮助排出的功效。

猕猴桃柳橙汁

原料：猕猴桃 1 个，柳橙 1 个

调料：蜂蜜少许

做法：

1 猕猴桃洗净，去皮，对切，挖出果肉；柳橙洗净对半切开，去皮，切小块。

2 将处理好的猕猴桃和柳橙放入榨汁机内榨汁。

3 加少许蜂蜜拌匀即可饮用。

促进肠道代谢的金牌食物

玉米

【营养成分】

含有糖类、脂肪、蛋白质、维生素 B_1、烟酸，丰富的镁、铁、锌、铜、钾、磷、钠等多种矿物质。

【美容功效】

玉米中的纤维素含量很高，具有刺激胃肠蠕动、加速粪便排泄的特性，可防治便秘、肠炎、肠癌等。玉米中含有的维生素 E 则有促进细胞分裂、延缓衰老、降低血清胆固醇、防止皮肤病变的功效，还能减轻动脉硬化和脑功能衰退。其所含 B 族维生素能调节神经、有助于睡眠。

冬菇玉米汤

原料：水发冬菇 75 克，去皮胡萝卜 95 克，玉米 115 克，玉米须 30 克、鸡肉块 150 克

调料：盐少许

做法：

1 冬菇用清水浸泡、挤干，重复数次，去柄备用。

2 胡萝卜削皮，切块备用；玉米切段；玉米须洗净备用。

3 鸡肉块汆片刻，捞出沥水备用。

4 砂锅中注入清水，放入所有材料，滚水后转小火煲 2 小时后加少许盐调味。

黄豆

【营养成分】

富含蛋白质及矿物质元素铁、镁、钼、锰、铜、锌、硒等，以及 8 种人体必需氨基酸和天门冬氨酸、卵磷脂、可溶性纤维、谷氨酸和微量胆碱等。

【美容功效】

黄豆中富含蛋白质和多种矿物质元素，具有健脾、益气、补血、润燥、降低胆固醇、利水抗癌等功效。黄豆中还含有丰富的膳食纤维，女性经常食用具有瘦身排毒的功效。

香菜拌黄豆

原料：水发黄豆200克，香菜20克，姜片、花椒各少许

调料：盐 2 克，芝麻油 5 毫升

做法：

1 锅中注入适量清水烧开，倒入黄豆、姜片、花椒，加 1 克盐。

2 盖上盖，煮开后转小火煮 20 分钟至食材入味。

3 揭盖，将食材捞出装碗，拣去姜片、花椒，加入香菜、1 克盐、芝麻油。

4 持续搅拌片刻，使其入味，装入盘中即可。

燕麦

【营养成分】

含有亚油酸、蛋白质、脂肪、人体必需的 8 种氨基酸、维生素 E 及钙、磷、铁等元素。

【美容功效】

燕麦含有蛋白质、脂肪、人体必需的 8 种氨基酸、膳食纤维、维生素 E 及钙、磷、铁等微量元素，具有健脾益气、补虚养胃、润肠通便的功效，对便秘和水肿有很好的辅助治疗作用，是排毒瘦身的优选食材。

香菇燕麦粥

原料：香菇、白菜各适量，燕麦 60 克，葱 8 克

调料：盐 2 克

做法：

1. 燕麦泡发洗净；香菇洗净，切片；白菜洗净，切丝；葱洗净，切成葱花。
2. 锅置火上，倒入清水，放入燕麦，以大火煮开。
3. 加入香菇、白菜同煮至浓稠状，调入盐拌匀，撒上葱花即可。

糙米

【营养成分】

含有蛋白质、脂肪和丰富的维生素 A、B 族维生素、维生素 C 及矿物质锌、铁、镁、磷等。

【美容功效】

糙米中含有丰富的膳食纤维和多种营养成分，具有增强人体免疫力、加速血液循环、消除烦躁、促进肠道有益菌繁殖、加速肠道蠕动、软化粪便等功效，女性经常食用，能够有效地排毒瘦身。

糙米花生米粥

原料：糙米 150 克、花生米 50 克

调料：盐少许

做法：

1. 糙米、花生米均洗净，泡发 15 分钟，倒入搅拌机中搅碎。
2. 电锅注水烧热，将磨好的糙米、花生米倒入锅中煮熟。
3. 加盐调味即可。

黑木耳

【营养成分】

含有蛋白质、脂肪、多糖和钙、磷、铁等元素以及胡萝卜素、维生素 B_1、维生素 B_2、烟酸等，还含有磷脂、固醇等营养素。

【美容功效】

黑木耳具有补气活血、滋阴通便的功效，对便秘、贫血及心脑血管疾病患者有食疗作用。黑木耳含有维生素 K 和钙、镁，能排出体内多余的水分。黑木耳中的胶质可以把人体内的灰尘和杂质排出体外，有助于排毒瘦身。

茭白黑木耳炒鸭蛋

原料：茭白 300 克，鸭蛋 2 个，水发黑木耳 40 克，葱段少许

调料：盐 4 克，鸡粉 3 克，水淀粉 10 毫升，食用油适量

做法：

1 黑木耳切小块；洗净的茭白切成片。

2 将鸭蛋打入碗中，放入 2 克盐、1 克鸡粉，倒入 5 毫升水淀粉，打散，调匀。

3 锅中注水烧开，放入 1 克盐、1 克鸡粉，倒入茭白、黑木耳，稍煮，捞出备用。

4 用油起锅，倒入蛋液，搅散，翻炒至七成熟，盛出备用。

5 另起锅，放入葱段，爆香；倒入茭白、黑木耳、鸭蛋，炒匀；调入 1 克盐、1 克鸡粉、5 毫升水淀粉，炒匀即可。

芹菜

【营养成分】

含蛋白质、甘露醇、食物纤维，以及丰富的维生素 A、维生素 C、维生素 P、钙、铁、磷等。

【美容功效】

芹菜富含蛋白质、糖类、膳食纤维、多种矿物质和多种维生素等营养物质，具有清热除烦、利水消肿、凉血止血的作用。芹菜中含有丰富的铁，可以促进造血功能，缓解缺铁性贫血，补血益气。芹菜中含有的大量膳食纤维能够加速肠道蠕动，帮助排便，排毒瘦身。

凉拌嫩芹菜

原料：芹菜 80 克，胡萝卜 30 克，蒜末、葱花各少许

调料：盐 3 克，鸡粉少许，芝麻油 5 毫升，食用油适量

做法：

1 洗好的芹菜切小段；去皮洗净的胡萝卜切细丝。

2 锅中注入适量清水，用大火烧开，放入食用油、1 克盐。

3 放入胡萝卜丝、芹菜段，煮 1 分钟至食材断生，捞出沥水。

4 将沥干水的食材放入碗中，加入 2 克盐、鸡粉、蒜末、葱花、芝麻油，拌至入味即可。

韭菜

【营养成分】

含有糖类、膳食纤维、维生素 A、维生素 E、B 族维生素，矿物质钙、磷、钾、钠等。

【美容功效】

韭菜能温肾助阳、益脾健胃、行气理血。多吃韭菜，可养肝，增强脾胃之气。韭菜中的含硫化合物具有降血脂及扩张血脉的作用，适用于治疗心脑血管疾病。此外，这种化合物还能使黑色素细胞内酪氨酸系统功能增强，从而改变皮肤毛囊的黑色素，消除皮肤白斑，并使头发乌黑发亮。

韭菜黄豆炒牛肉

原料：韭菜 150 克，水发黄豆 100 克，牛肉 300 克，干辣椒少许

调料：盐 3 克，鸡粉 2 克，水淀粉 4 毫升，料酒 8 毫升，老抽 3 毫升，生抽 5 毫升，食用油适量

做法：

1 锅中注水烧开，倒入洗好的黄豆，煮至其断生，捞出后沥干水分，待用。

2 韭菜切段；牛肉切丝，将牛肉装入盘中，放入 1 克盐、水淀粉、4 毫升料酒，搅匀，腌渍 10 分钟至其入味。

3 热锅注油，倒入牛肉丝、干辣椒，淋入 4 毫升料酒，放入黄豆、韭菜，加入 2 克盐、鸡粉、老抽、生抽，翻炒熟即可。

红豆

【营养成分】

含有蛋白质、脂肪、糖类、粗纤维、维生素A、B族维生素、维生素C及矿物元素钙、磷、铁、铝、铜等。

【美容功效】

红豆是典型的高钾食物，具有清热解毒、健脾益胃、利尿消肿、通气除烦、补血生乳等多种功效。另外其纤维有助于排泄体内多余盐分、脂肪等，在瘦腿上有很大的效果。红豆还可以补血，但要注意造成贫血的原因很多，若是因为维生素 B_{12} 缺乏而导致，则食用红豆的帮助就很有限。

红豆薏米饭

原料：水发红豆100克，水发糙米90克，水发薏米90克

做法：

1 把糙米、薏米和红豆清洗干净，加入适量清水浸泡，再装入碗中，搅拌均匀。

2 在碗中注入适量清水，将碗放入烧开的蒸锅中，用中火蒸约30分钟，至食材完全熟透。

3 关火，将蒸好的红豆薏米饭取出，稍微放凉即可食用。

山药

【营养成分】

含多种氨基酸和糖蛋白、黏液质、胡萝卜素、维生素 B_1、维生素 B_2、烟酸、胆碱、淀粉酶、多酚氧化酶、维生素 C 等。

【美容功效】

山药含有的皂苷、鞣质、山药碱、淀粉及钙、磷等，具有诱生干扰素的作用，有一定的抗衰老物质基础。山药含有能大量供给人体多种糖蛋白质的混合物黏液蛋白，能增加黏膜与皮肤的润滑度，减少皮下脂肪蓄积。山药还有补气养血、滋阴补阳、清虚热的作用。

山药炒秋葵

原料：山药 200 克，秋葵 6 个，蒜 2 瓣，小葱 1 根，辣椒少许

调料：食用油适量，盐、胡椒粉各少许

做法：

1. 将山药去皮后再切滚刀块，放入热油锅中炸成金黄色，捞出备用。
2. 将秋葵、蒜瓣、辣椒切片；小葱切花备用。
3. 锅置火上，倒入适量食用油，将蒜片以中火爆香，再倒入炸好的山药块翻炒 1 分钟。
4. 加入秋葵、辣椒，放入盐、胡椒粉，炒匀炒香，起锅前加入葱花即可。

黄瓜

【营养成分】

含食物纤维、矿物质、维生素、乙醇、丙醇等，并含有多种游离氨基酸。

【美容功效】

黄瓜含有丰富的维生素，能为皮肤、肌肉提供充足的养分，可有效地对抗皮肤老化，减少皱纹的产生，并可防治唇炎、口角炎。黄瓜含有的细纤维素可降低血液中的胆固醇、三酰甘油的含量，促进肠道中腐败食物的排泄，改善人体的新陈代谢，对皮肤、毛发美容有间接的作用。

黄瓜炒肉片

原料：猪里脊 100 克，黄瓜 150 克

调料：盐 3 克，料酒 5 毫升，淀粉 5 克，食用油适量

做法：

1 黄瓜洗净切片；猪里脊洗净切薄片。

2 肉片装入碗中，放入 1 克盐和淀粉拌匀，腌渍片刻。

3 热锅注油烧热，倒入肉片，翻炒至转色，淋入料酒，倒入黄瓜片，放入 2 克盐，炒匀。

4 关火，将菜肴盛出装入盘中即可。

薏米大枣荷叶粥

原料：水发大米130克，水发薏米80克，大枣20克，枸杞10克，干荷叶8克

调料：冰糖20克

做法：

1 砂锅中注入适量清水烧开，放入干荷叶，搅匀，煮沸后用小火煮约15分钟，捞出砂锅中的荷叶，去除杂质。

2 砂锅中倒入备好的大米、薏米、大枣、枸杞，搅拌匀，用大火煮沸后转小火续煮约30分钟，至食材熟透。

3 放入冰糖，拌匀，转中火煮至糖分完全溶化。

4 关火后将煮好的粥盛出即成。

山楂黑豆瘦肉汤

原料：山楂 80 克，水发黑豆 120 克，猪瘦肉 150 克，葱花少许

调料：料酒 10 毫升，鸡粉、盐各 2 克

做法：

1 洗净的山楂去核切小块；洗好的猪瘦肉切成丁。

2 砂锅中注水烧开，倒入洗净的黑豆、瘦肉丁、山楂，淋料酒，烧开后用小火煮 30 分钟，至食材熟透。

3 放鸡粉、盐拌匀调味，装碗后撒上葱花即可。

美容功效

黑豆含有不饱和脂肪酸，有促进脂肪和胆固醇代谢的作用。黑豆的纤维素含量较高，可促进肠胃蠕动，是爱美女士的减肥佳品。

玉竹百合牛蛙汤

原料：玉竹 12 克，鲜百合 45 克，牛蛙 100 克，姜片少许

调料：鸡汁 20 毫升，盐、鸡粉各 2 克

做法：

1 将处理好的牛蛙清洗干净，再斩成小块，备用。

2 砂锅中注入适量清水烧开，倒入备好的牛蛙块，放入姜片，玉竹、鲜百合，搅拌均匀。

3 淋入鸡汁，搅拌几下，用小火煮 40 分钟，至食材熟透；放入盐，加入鸡粉，用勺拌匀，煮至食材入味，关火后盛入碗中即可。

葛根粉核桃芝麻糊

原料：黑芝麻 40 克，核桃仁 45 克，葛根粉 20 克

调料：白糖适量

做法：

1 炒锅置于火上烧热，倒入黑芝麻、核桃仁，用中火炒干水分，盛出待用。

2 取榨汁机，选择干磨刀座组合，放入炒好的黑芝麻、核桃仁，拧紧，选择“干磨”功能，将材料磨成细粉。

3 断电后倒出磨好的材料，装入盘中，待用。

4 葛根粉装入小碟中，加少许清水调匀，待用。

5 锅中注入适量清水烧开，倒入磨好芝麻核桃粉，加入白糖，拌匀，煮至溶化。

6 倒入调好的葛根粉。搅拌均匀，煮至糊状。

7 关火后盛出煮好的芝麻糊，装入碗中即可。

美容功效

黑芝麻含有蛋白质、不饱和脂肪酸、维生素E、钙、磷、铁等营养成分，具有补肝肾、润五脏、益气血等功效。

小米大枣饭

原料：水发小米 180 克，大枣 25 克

调料：红糖 50 克

做法：

1 洗净的大枣切开，去核，切成小块。

2 洗好的小米倒入碗中，倒入枣肉，放入部分红糖，混合均匀。

3 将混合好的食材转入另一个碗中，撒上剩余的红糖，加入适量清水。

4 将备好的食材放入烧开的蒸锅中，中火蒸 1 小时，至食材熟透，取出即可。

美容功效

大枣有益气补血、活血润肤的功效，红糖能够补血补气。本品适合气血两虚所引起的肤色暗沉和长斑女性食用。

桂圆当归猪腰汤

原料：猪腰400克，当归10克，桂圆肉40克，姜片少许

调料：料酒10毫升，盐、鸡粉各2克

做法：

1 将猪腰清洗干净，切去白色的筋膜，打上麦穗花刀，放入开水中汆水。

2 砂锅中注水烧开，倒入猪腰、料酒，放入准备好的当归、桂圆肉，放入姜片，搅拌匀，烧开后转小火煮40分钟至熟。

3 揭开盖子，放盐、鸡粉调味，用锅勺搅拌片刻，煮至入味；关火后盛出锅中食材，装入碗中即可。

牛奶桂圆燕麦西米粥

原料：牛奶200毫升，桂圆肉25克，燕麦50克，西米60克

调料：白糖25克

做法：

1 锅中注入适量清水，用大火烧开，放入清洗干净的燕麦、西米、桂圆肉，搅拌均匀。

2 盖上盖，用小火煮30分钟至食材熟透。

3 揭开盖，倒入牛奶，搅拌均匀，煮至沸；加入白糖，搅拌均匀，煮至溶化。

4 关火后盛出煮好的粥，装入碗中，稍微放凉即可食用。

白芍枸杞炖鸽子

原料：鸽肉270克，白芍、枸杞各10克，姜片、葱花各少许

调料：料酒16毫升，盐、鸡粉各2克

做法：

1 将备好的鸽肉清洗干净，入开水中汆水，捞出备用。

2 砂锅注入适量清水，大火烧开，倒入鸽肉，放入白芍、枸杞和姜片，淋入料酒。

3 盖上盖，烧开后小火炖40分钟至熟；揭开盖子，放入盐、鸡粉，搅拌均匀。

4 关火，盛出煮好的汤料，装入汤碗中，撒上葱花即可。

枸杞黄芪当归瘦肉汤

原料：枸杞 10 克，黄芪 15 克，当归 20 克，大枣 20 克，猪瘦肉 150 克，姜片少许

调料：盐、鸡粉各 2 克，料酒 8 毫升

做法：

1 猪瘦肉切丁，备用。

2 砂锅中注水烧开，放入猪瘦肉、枸杞、黄芪、当归、大枣、姜片、料酒，拌匀，烧开后用小火炖 1 小时，至食材熟透。

3 揭开盖子，放入盐、鸡粉，用勺拌匀调味。

4 关火后盛入汤碗中即可。

莲子百合干贝煲瘦肉

原料：水发莲子 80 克，干百合、干贝各 30 克，瘦肉 200 克

调料：盐、鸡粉各 2 克，料酒 8 毫升

做法：

1 将准备好的瘦肉清洗干净，切成丁，入开水中汆水，捞出备用。

2 砂锅倒入适量的清水烧开，倒入备好的干百合和莲子，加入汆过水的瘦肉，倒入准备好的干贝，淋入料酒，搅匀。

3 盖上锅盖，烧开后小火炖 1 小时至药性融合；掀开盖，放入盐、鸡粉，搅拌片刻，使味道更均匀。

4 将炖好的汤盛出装入碗中即可。

美容功效

本品能够益气养颜、滋补清热，是非常适合气血两虚的女性食用的食疗佳品。

秘制珍珠净颜茶

原料：绿茶 2 克，珍珠粉 1 克

做法：

1 将绿茶放入茶杯中，再用 300 毫升开水冲泡绿茶，随后倒入珍珠粉搅匀，即可饮用。

美容功效

绿茶含可使肌肤白净及能收缩肌肤的成分；珍珠粉含维生素和蛋白质，可消除皱纹。

银耳美白润颜茶

原料：黑木耳、银耳各 10 克，当归、麦冬各 3 克，绿茶 5 克

做法：

1 将黑木耳、银耳洗净泡开后去蒂，撕成片状。

2 将当归研碎，然后与麦冬一起装入纱布袋中。

3 将纱布袋、绿茶、黑木耳、银耳放在杯中，以开水冲泡即可。

鲜活美颜茶

原料：葡萄 200 克，绿茶 3 克

调料：白砂糖适量

做法：

1 将绿茶用开水泡开后加入葡萄、白砂糖、60 毫升冷开水即可。

美容功效

葡萄具有滋补肝肾、养血益气、强壮筋骨、生津除烦等功效；两者为茶，可减少黑斑、雀斑。

补血养生茶

原料：绿豆、大枣各 25 克

调料：红糖适量

做法：

1 绿豆、大枣洗净后沥干水分。

2 绿豆、大枣下入锅中，加入清水，大火煮熟后转小火，至豆烂，加入红糖即可。

加味绿茶

原料：绿茶1小包，葡萄9粒，雪梨2片，柠檬2片

调料：蜂蜜1小匙

做法：

1 绿茶包放在杯中以开水浸泡7分钟。

2 雪梨片与葡萄粒榨成汁。

3 将所有材料同时倒入杯中拌匀即可饮用。

芦荟红茶

原料：芦荟1段，菊花、红茶各少许

调料：蜂蜜少许

做法：

1 芦荟洗净，去皮，只取内层白肉。

2 锅中加清水，将芦荟和菊花放入锅中，小火慢煮。

3 水沸后加红茶和蜂蜜即可。

海带薏米茶

原料：乌龙茶、干海带、薏米各适量

做法：

1 将以上材料混匀后研成粉末，放入杯中。

2 冲入沸水，盖紧盖子，静置10分钟即可滤取茶水饮用。

美容功效

干海带能化痰软坚、清热降压；薏米具有健脾、补肺、清热、利湿等功效。

荷叶茶

原料：荷叶3克，炒决明子6克，玫瑰花3朵

做法：

1 将所有材料同入砂锅。

2 加适量清水，煮10分钟后，取汁饮用即可。

美容功效

玫瑰花能起到平衡内分泌、补血气、调理肝胃的作用。此款茶饮有理气活血、调理肠胃的功效。

山楂桑叶降脂茶

原料：山楂 5 克，桑叶 3 克

做法：

1 将山楂、桑叶一起放入锅中，加入适量清水进行煎煮。

2 5 分钟后，滤取汤汁即可饮用。

美容功效

山楂具有消食化积、行气散瘀的功效；桑叶具有散风清热、凉血明目的功效。

降脂茶

原料：松萝、龙井茶各 3 克，杭菊花 10 克

做法：

1 将杭菊花、龙井茶叶、松萝一起放入陶瓷茶杯中。

2 往茶杯中倒入沸水，冲泡 15 分钟后即可饮用。

美容功效

松萝具有清热解毒、止咳化痰的功效；杭菊花具有散风清热、平肝明目的功效。

决明大枣茶

原料：大枣15克，决明子6克，枸杞10克

做法：

1 砂锅中注入适量清水烧开，倒入洗好的大枣、决明子、枸杞。

2 盖上盖，用小火煮20分钟，至药材析出有效成分。

3 揭盖，把煮好的茶水倒入杯中即可。

美容功效

决明子具有清热明目、润肠通便的作用；大枣、枸杞具有补血滋阴的作用。

山楂五味子茶

原料：山楂50克，五味子30克

调料：白糖少许

做法：

1 将山楂、五味子一起放入锅中，加水煎煮2次。

2 取汁混匀，调入白糖，即可饮用。

美容功效

山楂是消食健胃的好帮手，具有消食化积、行气散瘀的功效，能帮助排泄残留在身体中的废物。

山楂红糖茶

原料：炒麦芽、山楂片各10克

调料：红糖适量

做法：

1 将炒麦芽、山楂片放入锅中加水煎煮10分钟。

2 加入红糖稍煮，过滤，去渣取汁即可饮用。

美容功效

本品可益气养血、活血化瘀，增强机体代谢能力。

茯苓当归茶

原料：人参、甘草、川芎各3克，当归、芍药、枳壳各6克，桔梗4.5克，茯苓10克

做法：

1 将所有药材放入锅中。

2 注水，煎服即可。

美容功效

本品能够补气活血，对气血虚弱，代谢较弱者有一定的功效。

玫瑰月季花茶

原料：玫瑰花、月季花各 9 克，红茶 3 克

做法：

1 将材料全部放入杯中，冲入沸水。
2 放置 15 分钟后饮用，1 日内饮尽。

美容功效

此茶可理气解郁、活血散瘀、调经止痛、消肿解毒。

玫瑰蚕豆花茶

原料：玫瑰花 6 克，蚕豆花 10 克

做法：

1 将玫瑰花、蚕豆花放入茶杯中。
2 加开水冲泡，盖上茶杯盖。
3 闷 10 分钟后，揭盖凉一会儿饮用即可。

美容功效

本品可理气解郁、活血散瘀，促进代谢。

Part 5

睡眠篇：
提升代谢力的睡眠疗法

除了运动，
还有一种懒人方法——睡眠疗法，
也能提升我们身体功能的代谢能力。
只要睡好了，
醒了我们就能变得美美的。

安心休息，做个“睡美人”

睡眠是生命中的必需过程，只有充足的睡眠，才能保证人体的健康。常言道，“一觉闲眠百病消”，便是告诉人们睡眠能帮助祛除疾病。而且，每天早晨，当我们从一晚上充足的睡眠中醒来，会感到身体充满活力。

当人体进入睡眠状态，人体中主要负责与外界联系的系统就会暂时停止工作，而主要负责内部调理的系统则开启运行。当以内部调理为主的系统开始运行时，能够有效地消除工作一整天后身体的疲劳，帮助人体祛除病气，还能对损坏的机体进行修复，并分泌出人体所需的腺体激素等。因此，当人体在一夜好眠之后，便能够重新充满活力。

睡眠对一个人的机体和美容至关重要，可以说任何化妆品和饮食都比不上睡眠对肌肤的保养作用大。人的皮肤之所以柔润而有光泽，是依靠皮下组织的毛细血管来提供充足的营养，而人表皮细胞的新陈代谢最活跃的时间是午夜至次日清晨2时，如果此时处于睡眠当中，有利于新陈代谢，使皮肤得到充足的养分。

睡眠不足会引起皮肤毛细血管瘀滞，循环受阻，使得皮肤的细胞得不到充足的营养，从而影响皮肤的新陈代谢，加速皮肤的老化，使皮肤颜色显得晦暗而苍白。皮肤的血液循环、腺体分泌等重要生理活动，都是由植物神经也就是交感神经和副交感神经控制调节的。植物神经受大脑中枢神经管辖，当失眠和精神紧张时，大脑得不到很好的休息，交感神经失调，人就会显得形容枯槁、面色灰暗，长久下去，会使面部皮肤无光、松弛，显得苍老。

所以，要拥有良好的新陈代谢和美丽的容颜，就要有良好的睡眠，做一个“睡”出来的美人。

不得不知的睡眠小知识

我们一天有 24 小时，其中至少要保证 8 小时的睡眠，可见睡眠的重要性。那么睡眠对人体究竟有什么作用？为什么如此重要？关于睡眠又有哪些是我们不知道或应该掌握的小知识呢？

睡眠的作用

恢复体力

睡眠是消除身体疲劳的主要方式。睡眠期间是胃肠道及其有关脏器合成并制造人体能量物质以供活动时用的好时机。另外，由于体温、心率、血压下降，呼吸及部分内分泌减少，使基础代谢率降低，从而使体力得以恢复。

恢复脑力

睡眠对人类有很重要的作用，人的一生中，将近三分之一的时间是用于睡觉的。剥夺睡眠会导致精神疲劳、判断力下降、学习能力受损、头痛和癫痫的风险增加，长期彻底的失眠甚至会造成死亡。此外，睡眠时脑脊液更容易进入脑内与组织间液进行交换，从而阻止有毒的代谢产物积累而损害脑细胞。睡眠不足者，表现为烦躁、激动或精神萎靡、注意力涣散、记忆力减退等；长期缺少睡眠则会导致幻觉。而睡眠充足者，精力充沛，思维敏捷，办事效率高。这是由于大脑在睡眠状态下耗氧量大大减少，有利于脑细胞能量贮存。因此，睡眠有利于保护大脑、提高脑力。

增强人体免疫力

人体在正常情况下，能对侵入的各种抗原物质产生抗体，并通过免疫反应将其清除，保护人体健康。睡眠能增强机体产生抗体的能力，从而增强机体的抵抗力。同时，睡眠还可以使各组织器官自我修复加快。现代医学中常把睡眠作为一种治疗手段，用来帮助患者度过最痛苦的时期，以利于疾病的康复。

维持人的心理健康

睡眠对于保护人的心理健康与维护人的正常心理活动是很重要的。因为短时间的睡眠不佳，就会出现注意力涣散，而长时间睡眠不足者则可造成不合理的思考等异常情况。

睡眠的阶段有哪些

人在上床以后具体的睡眠过程如下：上床以后，首先经历的是身体松弛但头脑还清醒的入睡前阶段，其后进入非快速眼动期睡眠第一期。睡眠正常的人，第一期睡眠持续 0.5 ~ 7 分钟便进入非快速眼动期睡眠的第二期。大多数年轻成人在入睡后 30 ~ 45 分钟进入非快速眼动期睡眠第三期及第四期，根据年龄的不同，睡眠持续的时间从几分钟到 1 小时不等，然后变浅，回到第二期睡眠。在开始入睡后 70 ~ 90 分钟，出现一夜中的第一个快速眼动期阶段，通常只持续 5 分钟左右。这第一个快速眼动期睡眠阶段的生理表现（眼球快速运动）及心理表现（做梦）的强烈程度都是一夜间各个快速眼动期阶段中最弱的一次。

第一个快速眼动期睡眠之后进入非快速眼动期睡眠的第二期，意味着第二个睡眠周期的开始。第二个周期中的睡眠时间一般要比第一个周期的时间短些。然后，在入睡后 3 个小时左右，便进入当晚的第二个快速眼动期睡眠阶段，持续约 10 分钟。从第二个快速眼动期睡眠起到早晨醒来为止，成人的非快速眼动期睡眠第二期与快速眼动期睡眠大约每隔 90 分钟交替一次。第四期非快速眼动期睡眠主要发生在前半夜，后半夜第三期及第四期睡眠时间越来越减少，到后来只有第三期睡眠而没有第四期深睡。

从快速眼动期睡眠来看，第一次快速眼动期睡眠阶段以后，两次快速眼动期阶段之间的时间间隔逐渐缩短，而每次快速眼动期睡眠持续时间却逐渐延长，快速眼动期睡眠的生理及心理表现也越来越明显。一夜之内总共出现 4 ~ 6 次快速眼动期睡眠，一次平均持续约 15 分钟，有时可长达 1 小时。

多数人是在快速眼动期睡眠阶段自动醒来，从非快速眼动期睡眠中醒来则会表现出较差的感觉认知能力和运动功能。快速眼动期睡眠使人们在更接近清醒的状态下醒来，从而可以有更好的适应能力。

睡眠过程的发展是一个渐进的过程，而且随着年龄的改变，睡眠结构及脑电波形均会发生变化。人不仅要有足够长的睡眠时间，而且各期睡眠所占的比例也要适当，即睡眠的结构要合理，反之，就会出现睡眠紊乱，引起各种疾病，危害健康，所以了解睡眠过程有助于人体更科学地睡眠，保持强健的体魄。

每天需要睡多久

1～3岁

1～3岁幼儿每晚睡12小时。幼儿每天夜里要保证12小时睡眠，白天还需再补两三个小时。具体的睡眠时间，可以根据他们自己的睡眠节律而定，比如有些宝宝习惯在接近中午时和下午晚些时候各睡一觉。

4～12岁

4～12岁儿童每天睡10～12小时。4～10岁的儿童每天睡12个小时是必要的，每晚8点左右上床，中午尽可能小睡一会儿。年龄再大一些的儿童睡10小时，甚至8小时就足够了。孩子如果睡眠不足，不仅会精神不振、免疫力低下，还会影响生长发育。睡觉时间也不能过长，若超过12小时，可能会导致肥胖。

13～29岁

13～29岁的少年、青年人每天睡8小时左右。这个年龄段的青少年通常需要每天睡8小时，且要遵循早睡早起的原则，保证夜里3点左右进入深睡眠。平常应保证最晚24点上床、早6点起床，周末也尽量不睡懒觉，因为睡觉时间过长会打乱人体生物钟，导致精神不振，影响记忆力，并且会错过早餐，造成饮食紊乱等。

30～60岁

30～60岁成年人每天睡7小时左右。成年男子需要6小时睡眠时间，妇女需要7.5小时左右，并应保证晚上10点到早晨5点的优质睡眠时间，因为人在此时易达到深睡眠状态，有助于缓解疲劳。这个年龄段的人若缺乏睡眠，多与脑力减退或压力导致的暴饮暴食等不良习惯有关。除尽可能缓解压力外，还可以在就寝环境上下点功夫，如减小噪音、通风换气、适当遮光等。

60岁以上

60岁以上老年人每天睡5.5～7小时。老人应在每晚12点前睡觉，晚上睡觉的时间有7小时，甚至5.5小时就够了。阿尔茨海默氏症协会公布的数据显示，每晚睡眠限制在7小时以内的老人，大脑衰老可推迟2年。而长期睡眠超过7小时或睡眠不足都会导致注意力变差，甚至出现老年痴呆，增加早亡风险。

睡眠与生物钟的关系

生物钟实际上是生物体生命活动的内在节律性。合理地按照人的心理、智力和体力活动的生物节律来安排一天、一周、一月、一年的作息时间，能提高工作效率和学习成绩，减轻疲劳，预防疾病，防止意外事故的发生。

人体生物钟的建立、调节与松果体有关。松果体为长 5 ~ 8 毫米、宽 3 ~ 5 毫米的椭圆形小体，形似松果，故而得名。位于大脑内的第三脑室顶，又称脑上腺，能合成、分泌多种生物胶和肽类物质，主要有调节神经系统和生殖系统的功能，这种调节具有很强的生物节律性，并与光线的强度有关。

每个人都有自己的睡眠方式与习惯，有人喜欢早睡早起，有人则愿意晚睡晚起。人的情绪好坏不仅受睡眠时间长短的影响，还与是否按生物钟安排的入睡和起床的时间有很大关系。研究表明，绝大多数人在下午 2 ~ 4 点易出现困乏现象，若想避免此现象发生，最好午睡片刻。晚上 5 ~ 7 点，人体体温最高，此时锻炼有助于晚上入睡，并能提高睡眠质量。晚上 10 ~ 11 点，人体开始准备休息，各脏器活动极慢，便于入梦。

梦与睡眠质量的关系

梦是指在睡眠中的非实际的感觉认知，做梦者常常不只是旁观者而且是参与者。梦多数时间发生在快速眼动期睡眠阶段，可能是由脑桥的兴奋引起的，但在非快速眼动期也会有梦的发生。相比于非快速眼动期睡眠时的梦，快速眼动期睡眠时的梦更长，更鲜活而富有色彩，更情绪化。

“日有所思，夜有所梦”的话有一定道理，梦境的内容不会远离现实生活，与做梦者的文化背景、教育程度、生活性质、心理活动、宗教信仰、身体状况、精神状态等因素有密切的关系。一些心理学家认为，梦境的内容多是以迂回、隐晦的形式表达着某种意愿。因此有些梦境，特别是短时间内重复出现的类似梦境，往往有一定的意义。总之，夜间是否做梦或做梦的多与少，对于睡眠质量并没有实质的影响，现在科学家强调梦对组织和巩固记忆有一定的作用，在面对压力的时候，梦可能更能帮助我们解决心理上的问题。

睡前宜忌

宜

宜散步

睡前不要进行紧张的脑力劳动，避免剧烈的运动或体力劳动。取而代之的应该是在户外散步，尽量减少主观上的刺激。散步时体温会升高，人的大脑会得到降低体温的信号，体温降低使人放松，因而可以促进睡眠。如果室外风大或气温较低，可以把散步的地点改在室内进行。

宜开窗

晚上开窗，一是相对避开了日间汽车尾气、工厂生产的空气污染；二是晚上室外湿度相对较低，引入室内有利于睡眠。每晚睡前，卧室要开窗通风 15 分钟左右，最好能保持空气对流，必要的室内空气交换可以增强机体免疫力，减少患病概率。

宜泡脚

睡前烫脚，胜服安眠药。睡前用温水洗脚 15 ~ 20 分钟，可使脚部血管扩张，促进下肢血液循环，使人易入睡乡。

宜按脚

涌泉穴位于足底，在足前部凹陷处。每日坚持推搓涌泉穴，可使人体质增强。怕冷、肾虚、没力气、精神不振的老年朋友尤其适用。

宜手指梳头

睡前用手指梳头能使头部放松，改善血液循环，促进新陈代谢，从而更容易入睡。要想起到保健的作用，每次梳头应不少于 3 分钟。

忌

忌过度用脑

晚上如有工作和学习的习惯，要把较伤脑筋的事先做完，临睡前则做些较轻松的事，使脑子放松，这样便容易入睡。否则，大脑处于兴奋状态，即使躺在床上也难以入睡，时间长了，还容易失眠。

忌情绪激动

人的喜怒哀乐都容易引起神经中枢的兴奋或紊乱，使心跳加快、呼吸急促、神经紧张，处于这样的生理和心理状态下往往难以入睡，甚至造成失眠。因此，睡前要尽量避免大喜大怒或忧思恼怒，使情绪平稳。

忌饱餐

人进入睡眠状态后，机体部分活动节奏放慢，进入休息状态。如果睡前吃得过饱，胃肠的消化负担就会加重，胃部神经信号会不断刺激大脑，使人难以安睡。

忌剧烈运动

睡前进行剧烈活动，会使大脑内控制肌肉活动的神经细胞呈现极强烈的兴奋状态，不能很快入睡。

忌饮茶

茶叶中含有能使人精神亢奋的咖啡因等物质，会刺激中枢神经，使人兴奋而无睡意。尤其是睡前喝浓茶，对身体健康的危害是非常大的。

警惕失眠

睡眠对人体好处多多，然而有些人却没能体会到它带来的好处。这些人除了主观选择熬夜的一部分人，另一部分则是受失眠困扰而无法入睡或入睡困难的人。面对失眠我们该怎么办？

什么是失眠

失眠是指无法入睡或无法保持睡眠状态，从而导致睡眠不足，又被称为“入睡和维持睡眠障碍”，表现为上床睡觉时不能迅速入睡，或者睡眠中容易觉醒，醒来后难以再入睡，或者清晨醒来太早。也可以说失眠是指患者对睡眠时间或质量不满足，并影响白天社会功能的一种主观体验。

失眠不但妨碍人们正常生活、工作、学习和健康，而且还会加重或诱发心悸、胸痹、眩晕、头痛、中风病等病症。其虽不属于危重疾病，但会给病人带来长期的痛苦，甚至形成对安眠药物的依赖。

失眠的典型症状

失眠的种类

【按失眠阶段分类】

早段失眠：指上床睡觉时不能迅速入睡，一般超过 30 分钟才能入睡。
中段失眠：指睡后频繁醒来，或夜间醒来时间超过 30 分钟，或晚上睡眠不足 5 小时。
末段失眠：指早上提前醒来至少 1 小时，不再入睡。

【按失眠持续时间分类】

失眠时间为 1 个月以内的为急性失眠。
失眠时间在 1 ～ 6 个月的称亚急性失眠。
失眠时间超过 6 个月则为亚慢性失眠。
失眠持续 2 年或 2 年以上的为慢性失眠。

失眠的常见症状

不易入睡

失眠患者很难进入平稳的睡眠状态，躺在床上翻来覆去、辗转难眠，入睡时间要比正常情况推后 1 ~ 3 小时，睡眠时间明显减少。

多梦易醒

失眠患者感觉睡眠不实，似睡非睡，一闭眼就做梦，大多都是令人不愉快或者恐惧的噩梦，非常容易从恐怖惊险的梦境中惊醒，并有冷汗冒出，紧张心悸，面色苍白。

睡眠质量差

大多数的失眠患者虽然能够入睡，但是他们的睡眠并不能有效地解除疲乏，睡醒后仍然有疲劳感和不适感。

睡眠感觉障碍

睡眠感觉障碍是指失眠患者缺乏睡眠的真实感觉，具体是指同一房间的人感觉你睡得很香，鼾声四起，但是患者自身却感觉没睡着。

早醒

早醒是失眠患者最为典型的失眠症状，是指失眠患者在凌晨 4 点多钟即从睡眠中醒来，醒后疲乏无力，难以再入睡，而且醒后感到不适，心情不放松，烦躁郁闷。

精神症状

注意力涣散、思维迟钝，自觉或客观存在思考效率减退；情绪抑郁、焦虑、恐惧，甚至容易激惹、发脾气等。

很少外出

失眠患者白天精神差，工作或学习时难以集中注意力或记忆力欠佳，对社交活动没有兴趣，只想补觉，而这种状况会增加夜里难以入睡、烦躁的状况，形成恶性循环。

失眠的危害

失眠是一种发病率很高，给人们带来的危害也很大的疾病。大多数的失眠现象都是由患者心理压力过大导致的。那么，失眠有哪些危害呢？

影响第二天的工作和学习

从短期效应来看，睡眠不足直接影响人们第二天的工作与学习，表现为精神萎靡、疲惫无力、情绪不稳、注意力不集中。偶尔失眠时，第二天人们会疲倦和动作不协调；长期失眠的人表现为职业行为不佳，注意力不能集中，记忆出现障碍，工作力不从心，事故发生概率较睡眠正常的人高2倍。

对精神状况不利

失眠的危害从长远的角度来看更是巨大和深远的。大多数患者长期失眠，越想睡越睡不着，越急越睡不下，易引发焦虑症，出现易激惹、情感脆弱、多愁善感、自我封闭、人际关系紧张、生活缺乏兴趣、性欲减退，伴焦虑、抑郁等精神症状，抑郁患者中，失眠患者人数为正常人的3倍，抑郁症伴严重失眠的患者的自杀率大大增加。近年来，中青年和大学生的自杀率持续增加，成为家庭、社会不安定的重要因素。

危害人的社会性

失眠对人的社会性会造成极大的危害，失眠患者长期处于对睡眠的担心与恐慌中，会变得多疑、敏感、易怒，以及缺乏自信，影响其在家庭和工作中各方面的人际关系，从而产生孤独感、挫败感。

使人体免疫力下降

失眠与疾病关系密切。睡眠不足会使人体免疫力下降，抗病和疾病康复的能力低下，容易感冒，加重其他疾病或诱发原有疾病的发作，如心脑血管病、糖尿病、胃肠道疾病等。实践证明，患者术后如果睡不好，会明显延长伤口愈合的时间。婴幼儿如果严重睡眠不足，可影响其身体发育，因为在睡眠时特别在深睡期，脑内分泌生长激素最多，这种激素是促进孩子骨骼生长的主要物质。生长激素还能使皮肤细胞加速新陈代谢，燃烧体内脂肪，使人体保持“年轻”状态，故睡眠充足的人容颜滋润靓丽、身材匀称。

如何使用安眠药

经常饱受失眠困扰的人群常常会选择服用安眠药来解决睡眠问题。但是，怎样使用安眠药才是健康有效的呢?

慎用安眠药

有些人偶尔失眠，就很紧张地找安眠药吃，总觉得偶尔吃一两次药没事，虽然这样不会对身体造成损害，但时间长了，仍有可能造成药物依赖。实际上，很多时候没必要长期服用。失眠可由多种原因造成，往往是某种潜在问题（如抑郁症、焦虑症或其他疾病）的一个症状，为此要在医生帮助下找到病因，对因施治。原发病治疗好了失眠症也随之缓解。

遵医嘱服药

安眠药是否成瘾与单次服用的量关系不大，最关键的是服药的时间。连续吃两个月的安眠药其成瘾的可能性远大于短时间一次吃好几片。有的人认为，使用安眠药的最主要作用在于迅速改善患者的睡眠质量，当过了急性期失眠阶段，失眠状况得到改善一段时间后，可以改为按需间断服药。这样的话，会导致一开始服药剂量不足，不能快速解决失眠问题，以致病情反复，则可能会延长服药时间，增加成瘾的危险性。因此，要避免成瘾，患者应该遵医嘱服药。

选用安全的安眠药

目前常用治疗失眠的药物有镇静催眠药（包括巴比妥类、苯二氮卓类、非典型苯二氮卓类）、抗抑郁药、抗组胺药（目前极少用于催眠）和中药。失眠者选用安全的安眠药更利于身体健康和治疗失眠，无成瘾性的催眠药和安全性高的安眠药更能成功治疗失眠且有利于人体健康，避免失眠严重危害。苯二氮卓类药物，除了有镇静促眠的作用，它还有抗焦虑作用，故这类药物是当前使用最广泛的安眠药，但也有一定的成瘾性，这类药有安定、舒乐安定、佳静安定、劳拉西泮等。最新一代安眠药思诺思、左匹克隆等成瘾性较小，个体疗效差异较大。

对症使用安眠药

失眠症分为入睡困难、睡眠浅易惊醒、多梦和早醒等。为解决入睡困难，可选用起效快、作用时间短的药，如思诺思等；如睡眠浅、易惊醒者可选用中效的，如佳静安定、舒乐安定；早醒、睡程短的病人可选用长效药，如氯硝基安定等。这样用药既可减少副作用，又可增加疗效。对于一些难治疗的失眠，为减小成瘾的可能，可以两种或多种镇静药物联用。

检测一下你的睡眠质量

睡得好，身体棒。睡得佳，容颜保。那么除了从失眠可以反映我们睡眠质量不佳，还可以通过以下方法得知我们的睡眠质量，并可以据此对生活作息作针对性调节。

检测睡眠质量小测试

要检测自己的睡眠质量，看看自己的睡眠到底好不好，可以用下面的测试来进行。需要说明的是，测试并没有最佳答案，请根据你的第一反应做出选择，这样才能够真实地检测出你的睡眠质量。

(1) 在你的眼里，你觉得睡眠（　）

A. 时间不能长了，节约下来的时间可以做很多工作，或者去很多地方娱乐。（1分）
B. 不忙的时候就多睡点，忙的时候就少睡点。（2分）
C. 睡眠是最重要的，要休息好才有精神去做事。（3分）

---

(2) 在睡觉的时候，你一般会用多少时间入睡呢？（　）

A. 一般情况下，会在5～10分钟入睡。（3分）
B. 累的时候，倒在床上就睡着了，不累的时候，一般会想很多事情才睡觉。（1分）
C. 很多时候要酝酿很久才能睡着，在20分钟以上。（2分）

---

(3) 晚上睡觉，你会做梦吗？（　）

A. 经常做梦，而且梦中的情景都记得非常清楚，梦境也丰富惊险。（3分）
B. 会，但是通常醒来会不记得梦的具体内容。（2分）
C. 偶尔做，经常一觉睡到天亮。（1分）

---

(4) 假如你的工作出现了一些问题，老板批评你，同事也责备你，你晚上睡觉很可能（　）

A. 躺在床上想工作的问题，久久不能入睡。（2分）
B. 为了搞清楚工作的问题，可能会不睡觉。（1分）
C. 休息好了，才能更好地工作，所以像往常一样，还是很快就入睡了。（3分）

(5) 清早醒来，阳光从窗户射进来，你通常会觉得（　）

A. 脑袋晕晕沉沉的，很重，不想起来。（1分）
B. 还没有睡醒，但是洗漱之后会觉得舒服一些。（2分）
C. 很轻松，头脑也很清醒。（3分）

---

(6) 如果让你的同事来评价你的精神状态，你觉得他们会说（　）

A. 你的精力充沛，思路清晰，工作很有劲。（3分）
B. 你每天按时上班，做好自己的工作，很少出错。（2分）
C. 虽然你人很和善，但是老是垂头丧气的，看起来好像没有精神。（1分）

---

(7) 当晚上有雷阵雨的时候，你会（　）

A. 被雷阵雨惊醒，但是又能很快入睡。（2分）
B. 很容易被惊醒，并且惊醒后很久才能入睡。（1分）
C. 像平常一样睡觉，打雷或者下雨的声音不会影响到自己的睡眠。（3分）

---

(8) 我们有时上床后久久不能入睡，即失眠，你大概一个月出现多少次这种情况？（　）

A. 基本不失眠，一年都很难有几次。（3分）
B. 很少，除非偶尔发生什么让自己有较大情绪波动的事情。（2分）
C. 可能有半个多月甚至以上的时间都是这样吧。（1分）

---

(9) 你是怎样看待生活规律的？比如作息规律。（　）

A. 不喜欢那些条条框框的东西，生活就该随性。（1分）
B. 没有固定的作息规律，但是睡眠的时间能够保证。（2分）
C. 要坚持作息规律，这样才能保证精力和有利于身体健康。（3分）

---

(10) 假如有一天晚上，你在好朋友家玩到很晚，虽然还有公交车，但是你的家离朋友家比较远，朋友留你住宿，你会（　）

A. 乐意留下，这样就不用浪费时间在车上折腾了。（3分）
B. 勉强留下，并且请求朋友换上自己喜欢的床单或者是枕头。（2分）
C. 回家，在熟悉的环境中才能睡得踏实。（1分）

测试结果解读

10～18分：你的睡眠质量较差

从测试的结果来看，你的睡眠质量不好，你总是失眠或者入睡困难，对睡眠环境和安静程度的要求也很高，事情多也会影响你晚上的休息。因为作息时间的不规律，你的精神状态也不太好，常常暴躁或者易怒，进而影响到你的工作，工作的不顺让你很苦恼，反过来又影响你的睡眠，形成恶性循环。

在这样的情况下，你很想寻找方法来改变和解脱，那不妨让我们试着来给自己的神经做个轻松的按摩，深呼吸，冥想，让自己放松下来。如果你有机会出去旅游，那最好不过了，去一些风景优美的自然景区，感受自然的壮观和震撼，躲开尘事与繁华。如果你暂时不能去旅游，那么，试着从以下几方面来调节自己：

①和朋友出去娱乐或者是和家人一起去玩，让自己高兴起来，态度积极乐观起来。

②睡觉前听一些轻音乐，让自己的神经慢慢地静下来。

③中医中有“胃不和则卧不安”的说法，生活中常常会遇到大吃一顿后晚间腹胀难以入睡的现象，因此睡前不要吃油腻的食物。

④睡前应避免饮用咖啡、茶，也不要吸烟，以免让自己兴奋。

⑤睡觉前坐在床上深呼吸 5 ～ 10 分钟，这样有助于神经舒缓下来。

睡眠不好往往由于我们的烦恼太多，而烦恼又皆因我们太在乎。所以，做自己能做的，得自己该得的，你会更幸福和满足。

19～25分：你的睡眠质量一般

你的睡眠质量时高时低，呈现不稳定状态。一般情况下，你还是能够休息得比较好，但是，你的睡眠很容易受到生活状态或者情绪状态的影响。也就是说，当你工作很忙的时候，你可能会很少睡觉，甚至不到人体必需的 6 个小时，这个时候你的精神状态容易变得比较差，情绪也会比较暴躁低落；有时候白天发生的事情会影响你的情绪，在晚上你会不断思考，从而影响你的睡眠。你睡觉时会做梦，常常会出现惊险或者快节奏的梦，引起你的焦躁和不安。

你的睡眠质量很容易改善，关键在于你自己是否愿意去改善。首先，尽量少加班，至少保证 6 小时的睡眠，这样你才能有足够的精力去做事情；其次，处理完的事情在脑中自动删除，即不要让它持续地让我们的大脑工作，从而影响其他工作的效率；最后，你也可以学习用深呼吸来让自己放松，舒缓神经。

睡眠质量直接影响你的生活质量！提高你的睡眠质量，你会发现，你的生活也越来越幸福了。

恭喜你，你拥有健康的睡眠。你的入睡时间短，有正常的梦境，即快波睡眠，也有深度睡眠，这些足以让你的大脑和躯体得到充分的休息。同时，你对睡眠环境从不挑剔，不管在哪里，你都会睡得很好。你的心态很平和，发生在你身上的事情很快就过去了，不会长久地影响你的情绪，更不会影响到你的睡眠，睡眠往往会让你的精力更加充沛，所以你对自己的睡眠很满意。

但是，在你的睡眠质量很高的同时，也希望你不要贪睡，即延长自己的睡眠时间。我们成年人所需要的睡眠时间是 7 ~ 8 小时，这样的休息足以让你精力充沛了。如果因为睡觉很舒服而延长睡眠时间，这样会浪费掉你很多宝贵的时间哦！

享受你高质量的睡眠，也享受你的幸福生活，积极向上，利用好自己的时间，你会更加充实和快乐！

消除疲劳，改善睡眠质量

现代社会环境竞争力大，生活节奏快，工作生活压力大，情绪变化复杂，往往很难睡个好觉。疾病皮肤病也会接踵而来，要想睡出美丽、睡出好容颜、睡出好身体，首先要改善我们的睡眠质量。

调节情绪

情绪是人们对于外界各种刺激所做出的反应。其实，情绪并不是不可控制的。面对同样的事情，不同的人会做出不同的反应，产生不同的情绪。因此，控制好自己的情绪非常重要。

不良情绪容易导致失眠，所以在睡前一定要调整好自己的心态，让自己有一个放松的心理状态，同时也要调整负面情绪。一般来说，睡前焦虑就较难入睡，有人会因为担心睡不着而真的睡不着，以至于陷入恶性循环。

情绪性失眠时，要学会进行自我调整。调整的方式多种多样，可以找朋友或身边信得过的人进行倾诉，也可以通过其他方式来分散注意力。此外，适度增加体力活动，平衡人体内环境，确保睡眠质量，是缓解失眠的捷径。同时，还应注意饮食，工作压力大时，补充能舒肝减压的食物，比如绿色及口感带酸的水果，如柠檬、猕猴桃、梅子，以及绿色蔬菜。中医推荐饮用可以镇静情绪的玫瑰花茶、薰衣草茶，若要加强促眠效果，可以加入少量具有安神作用的酸枣仁一起喝。

需要注意的是，不宜自己使用镇静类药物来控制失眠。失眠是由多种因素交叉引起的，不良情绪引起的失眠更是复杂，如果一味靠镇静药物，只能适得其反。如果情况太过严重，也可以向心理医生求助，在医生的帮助下进行心理咨询和调适。

同时，要多多培养一些兴趣爱好，白天里充分利用时间丰富自己的生活，晚上睡前做一些深呼吸和放松训练，对于缓解不良情绪有不错的作用。

调节卧室环境

光线

光对睡眠有很大的影响。如果晚上睡觉的时候有路边的灯光、电器的亮光等影响，肯定会睡不好。因此，将影响睡眠的光源遮挡住，才能有助于睡眠。遮挡光源可以使用遮光效果良好的百叶窗，也可以使用带有遮光层的窗帘，还可以使用眼罩，这些都是不错的方法。

声音

影响睡眠的噪音很多，如高分贝的音乐、滴答的水声、行走的钟表声、爱人的鼾声、邻居家的狗吠声、汽车声等。减少卧室噪音的方法很多，如耳塞对很多人都有效，也有人觉得电扇、空调的嗡嗡声及市面上可以买到的声音调节器对于掩盖其他噪音也很有效，帮助你放松大脑，进入睡眠。夏天的时候，只要关上窗户，隔绝室外噪音，你也可以在电扇或冷气的嗡嗡声中睡个好觉。对于爱听音乐入睡的人群，务必要定好时间，让音乐在 45 分钟后自动关闭，否则你可能会在半夜醒来，因为跟其他声音一样，音乐也会抑制深度睡眠。

温度

适当的低温环境对睡眠非常有帮助，能够使人放松，所以卧室的温度不可过高，室内理想的睡眠温度为 20℃。入睡前最好能开窗通风或者打开风扇、空调，以保证室内凉爽。需要注意的是，开窗通风也要因时而异。如果是夏季，可以保持大多数时间开窗通风。睡觉的时候如果外面有噪音影响睡眠，可以适当关窗。如果是秋、冬季节，可以在睡觉之前开窗通风半小时左右，这样就能够保证室内的空气流通，防止室内空气过于污浊，影响睡眠。

用正确的姿势入睡

最佳的侧卧姿势是身体朝向右侧卧于床上，弯曲右腿并保持左腿伸直；右手肘弯曲，让右手掌托在头部下方；左手伸直，自然放在左侧大腿上，这样的睡姿看起来就像一轮弯月亮。之所以说这种睡姿是最佳睡姿，是因为以下几个原因。

首先，侧卧能让人体内的各个脏器受压最小，让女性的胸部能自如地随着呼吸扩张收缩，不会发生呼吸受压迫的尴尬局面，心脏也免遭手臂、被子的压迫。而且侧卧能让两腿活动自如，可屈可伸，身体也可自由翻转。向右侧卧之所以说是最好的，是因为人体中最重要的器官——心脏，位于两肺间偏左的部位，因此，当睡觉时向右侧卧，能让心脏受到的压迫最小，并能帮助血液循环畅通。而向左侧入睡时，会压迫到胃，导致胃内部的食物难以进入小肠，不利于食物被消化和吸收，而且压迫了心脏，导致心脑供血受阻。气血不畅，睡得自然不会舒服。侧卧时朝右是最好的，但人在入睡之后不可能保持一定的姿势，因此，可配以左侧卧及适当的仰卧。

其次，中医也认为朝右侧卧入睡不会损伤心气，而且像弯月亮一样蜷卧后能最快速地让大脑静下来，从兴奋状态迅速转为抑制状态，帮助人更快地进入睡眠。

最后，侧卧对于那些血液循环不畅通、自身防寒功能较弱，而且在睡觉时尤为怕冷的体质偏寒的女性来说很有好处，因为侧卧可让她们全身的肌肉获得最大限度的松弛，保持血液循环的畅通。而对于仰卧来说，很多人习惯把手交叠于胸口上，对胸部造成压迫，容易让人晚上做噩梦，影响睡眠质量。

裸睡

裸睡是指裸体睡眠。许多人都有裸睡的习惯，一方面裸睡时去除了衣物对身体的束缚，给人一种无拘无束的舒适感，另一方面增加了皮肤与空气的接触面，有利于血液循环和皮脂腺、汗腺的分泌，因此裸睡有助于放松心情、消除疲劳。此外，裸睡对失眠、头痛、腹泻等疾病的缓解有一定的好处。

具体来说，裸睡的好处主要有以下几种：

消除疲劳

由于裸睡的时候没有衣裤的束缚，身体的自由度比较大，因此会有一种自由感。并且由于血液循环更加畅通，因此可以使紧张的肌肉得到放松，快速修复各种肌肉酸痛现象，有利于消除疲劳，快速入睡。

促进血液循环

裸睡对于治疗紧张性疾病的功效不可忽视，特别是对于腹部内脏神经系统方面出现的紧张症状很有效果。裸睡的时候身体不再受到束缚，因此血液循环通畅，入睡就会更快，睡眠质量更高。

改善病痛

裸睡对治疗紧张性疾病的疗效极高，特别是腹部内脏神经系统方面的紧张状态容易得到消除，还能促进血液循环，使慢性便秘、慢性腹泻以及腰痛、头痛等疾病得到较大程度的改善。同时，裸睡对失眠的人也有一定的安抚作用。裸睡不但使人感到温暖和舒适，连妇科常见的腰痛及生理性月经痛也能得到减轻，以往因手脚冰凉久久不能入睡的女性，采取裸睡方式后，很快就能入睡了。

提高睡眠质量

裸睡有一种无拘无束的自由感，有利于增强皮脂腺和汗腺的分泌，有利于皮肤的排泄和再生，还有利于神经的调节，可以提高睡眠质量。裸睡对失眠人群有一定的安抚、放松、催眠作用，有助于进入深层睡眠。有些工作压力大的人，尤其适合通过裸睡来放松身心，促进睡眠。

需要强调的是，裸睡只是我们所采用的健康睡眠的方式之一，并非所有人都应该采用。此外，裸睡时皮肤直接暴露在环境中，灰尘和螨虫会引起皮肤过敏和哮喘的发生，对于有特异性体质的人应该特别小心。

适度午睡

午睡时间虽然不用太长，却能发挥重要的作用。无论是传统中医还是现代医学，都认为午睡是让人恢复精力、缓解疲劳的最好的“健康充电法”之一。

传统中医认为，午时阳气最盛，即是说从中午 11 点到下午 1 点人体阳气旺盛，这时候睡眠，能够调节人体的阴阳平衡，让人从疲劳中恢复过来，重新变得神清气爽、精力充沛。而现代医学经研究证实，午睡对人体的健康有很大好处：

1 增强免疫力

德国精神病研究所的睡眠专家发现，中午 11 点的时间会出现人在白天最为明显的一个睡眠高峰。因此，当选择这个时间睡个短觉，能够有效地对体内淋巴细胞进行刺激，进而能够增强免疫细胞活性程度。

2 保护心脏

希腊的一项医学研究成果显示，如果午睡保持每周至少 3 次、每次睡 30 分钟，能够将患上心脏病猝死的风险降低 37%；还有资料证实，在习惯午睡的国家和地区，相比没有午睡习惯的国家和地区而言，人们更不容易患上冠心病。研究人员认为，午睡之所以对心脏有益，是因为忙碌一整天的中途午休能大大舒缓心血管系统，使人体能够得到一段时间的放松。

3 降血压

医学研究人员最新研究发现，当白天工作压力太大造成人血压升高的时候，不妨抽出点时间，午睡一会儿，可以有效地降低血压。

每天中午小睡片刻，能够大大提高人的精力和警觉性。还有研究显示，中午午睡能够很有效地消除一上午工作带来的疲劳，并增强人的记忆力，从而让人在下午的工作中表现得更为出色。

精油、香薰轻松助眠

精油是从芳香植物的各个部分中提取出来的高度浓缩提取物，如种子、根、花朵、果实、叶子等都可以提取精油。精油具有高度提纯的特点，所以其芳香物质成分是非常天然、健康的，其特有的香味对于睡眠有很好的促进作用。

香薰是近年来风靡全球，并且深受人们青睐的一种护理方式。凡是经由呼吸系统和皮肤系统传送精油功效的芳香疗法都叫作“香薰”。香薰的种类繁多，包括按摩、沐浴、自然熏蒸等。人们通过吸入、浸泡、热敷、熏蒸等方式，将植物精油迅速融入人体中，可以加快人体的新陈代谢，促进活细胞的复原再生，增强身体的免疫力。

人们在白天经受各种情绪压力，常常因此而睡眠不佳，这时候用精油、香薰来助眠，是非常有效的。其中，最简单易行的方法就是吸入精油的芳香。只要临睡前在枕头边滴上一滴精油，缓缓做个深呼吸，情绪就自然稳定下来，放松紧绷的神经，有极佳的助眠功效。另外，将精油滴入香薰灯里，也会使整个房间快速弥漫使人舒缓、放松的气味，有助于睡眠。

薰衣草精油

精油有很多种，选择合适的精油才能达到事半功倍的效果。其中，最具助眠效果的就是薰衣草精油。薰衣草精油本身就可以调节人的交感神经和副交感神经，缓和紧张的情绪，很适合压力大和失眠的人。用法如下：

1. 将 2 滴薰衣草精油滴于棉花球上，置于枕头内，可以帮你快速入眠。薰衣草与马郁兰搭配（薰衣草：马郁兰 =4 ：1）可加强镇静效果，对重度失眠者有更好的作用，还具有舒缓情绪的功效。

2. 向香薰炉中滴 3 ~ 5 滴薰衣草精油，睡前薰香 15 ~ 20 分钟，薰衣草的独特味道可渐渐舒缓一天的精神与情绪，让人随之进入梦乡。

▶ 另外，佛手柑、橙花、甘菊、茉莉、鼠尾草、依兰、橘子、玫瑰、檀香木等精油，对于减轻压力、缓解身心劳累、镇静、抗抑郁都有很好的作用。在浴缸中滴入薰衣草精油4滴、佛手柑精油2滴、依兰精油2滴，充分搅动后泡澡，不但可以舒缓身心，还有理想的催眠效果。

使用药枕助睡眠

药枕是改善睡眠质量的一个有效方法。药枕中的药物多具有芳香走窜的性质，作用于头部后侧的穴位，再通过经络的传导，对人体有调和气血、祛病延年的作用。

药枕的助眠原理

闻香助眠

药枕里的药物通过呼吸进入人体，可起到闻香助眠的作用。

作用于穴位，促进经络舒通

药枕中的药物多具有芳香走窜的性质，作用于头部后侧的经络及穴位，由于人体经络互相连通，因此可使人体鼻部经络舒通，气血流畅，进而有助于炎症的消除，辅助睡眠。

药物经渗透方式进入人体

通过渗透的方式进入皮肤，药物被人体吸收后，可调节失调的生理功能，促进颈椎及头部健康的恢复。

使用药枕的注意事项

保证药枕的卫生

要定期翻晒枕芯，定期更换药物，由于中药易吸附人体的汗气，容易发霉，特别在夏季，应经常放在通风处翻晒。但要注意切忌将药枕放在太阳光下暴晒，以免药物气味挥发过快，有条件者，一般药枕枕芯以一个月更换一次为宜。

使用药枕时间不宜太短

药枕保健不同于内服药物，作用缓慢，一般要连续使用 3 ~ 6 个月后，效果才会明显，疗效才能巩固稳定。每晚用枕时间不应少于 6 个小时，时间太短也会影响疗效。

药枕与头颈接触的隔层不宜过厚

枕的枕芯上面不宜垫放太多的东西，以免影响药物作用的发挥。应把药枕直接放在枕巾下面，或垫放较薄的东西。

因人施枕

药枕要根据辨证施治的原则选择制作。例如，对虚寒症候或素体虚寒者，不宜长时间使用气味寒凉药物做枕。枕内物宜选用辛香平和、微凉、清轻之品，以植物花、叶、茎为好，不宜使用大辛大热、大寒及浓烈毒之物。选药时慎用动血、破血之品。对于药效强、药力猛的治疗性药枕，如疗风湿、类风湿之药枕，不可滥用于常人保健。

睡前梳头

梳头可提高头部的神经兴奋性，使血管扩张、毛孔张开、淋巴回流加快，排泄邪气的同时还能够改善颅内的供养情况，增强脑细胞营养供应，延缓大脑衰老。而睡前梳头则可改善睡眠，提高睡眠质量。在一天的紧张工作之后，梳一梳头部，可使神经松弛，消除疲劳，使大脑得到很好的休息。

梳头注意事项

选择梳子

应尽量选用牛角梳、玉梳、木梳，不能用塑料梳子，否则会对头发、皮肤造成损伤。梳齿不要过尖和过密，否则容易划破头皮。

力度适中

梳理用力要适度，不宜太轻也不可过重。梳理速度不能过快也不可过慢。每次梳头时都要做到快慢适中，用力适度。要全头梳，最好在睡觉前10分钟进行，梳完睡觉即可。

讲究手法

梳头也要讲究手法，才能够达到更好的效果。梳头的时候要微闭双目，专心致志，心无杂念。速度由慢到快，由轻到重，由前到后，由左到右。

睡前泡脚

我国有一句古话："热水洗脚，胜吃补药。"如果每天能够用40℃左右的热水泡脚15分钟，就能发挥较好的保健作用。

中医经络学认为，脚是足三阴经之始、足三阳经之终，用热水泡脚，可起到通经活络、温煦脏腑的功效，使五脏六腑得以调养，气血运行得以通畅，能防治疾病、缓解症状。

现代医学则认为，温水洗脚一方面可加速下肢血液循环，帮助运走堆积在肌肉组织中的乳酸等代谢产物，有利于消除劳累后的肌肉酸胀不适，恢复体力。另一方面，温水的刺激能使下肢血管扩张，大量血液流向下肢，相对减少了大脑的血液供应，有利于降低脑细胞的兴奋性，让大脑由兴奋转入抑制，缓解精神紧张和改善睡眠，缓解失眠症状。

泡脚虽好，但是也要注意方法

1.婴幼儿不必泡脚

中医认为，小儿是"纯阳之体"，不建议婴幼儿用热水泡脚。只需用温水给孩子洗脚，洗脚后适当按摩。

2.老人泡脚的时间不可过长

老年人身体相对更加虚弱，如果泡脚时间过长，会引起出汗、心慌等症状，还容易诱发一些疾病。因此，建议老人泡脚的时间不超过20分钟。

3.太饱、太饿时都不宜泡脚

因为泡脚会加速全身血液循环，过饱会影响胃的消化，饥饿的时候会导致头晕等。另外，饭后半小时内不宜泡脚，以免影响胃部血液供给。

摄取可助眠的食物

拥有一个好的睡眠，对于提升代谢，保护皮肤有很重要的作用。在日常生活中注意饮食，多摄入一些有助于睡眠的食物，可以起到意想不到的助眠作用。下面介绍的就是一些常见助眠的食物。

小米

色氨酸具有安眠的作用，而小米中的色氨酸含量很丰富。因此，晚餐在自己的主食中加入些小米将会有益于晚上的睡眠。小米中含有的色氨酸还能暂时性地抑制大脑的思维活动，让人产生困倦感。

高粱

高粱的色氨酸含量为谷类之首，色氨酸是一种负责控制睡眠的神经递质，可防止出现睡眠障碍，延长睡眠时间。高粱适合消化不良的儿童食用，也适合脾胃气虚、大便溏稀、肺结核等患者食用，但糖尿病者应禁食高粱。

小麦

小麦可养心气、安定精神，辅助治疗神经衰弱，对于心血不足引起的失眠、心悸、情绪起伏大者有良好的效果。除了失眠者，患有脚气病、末梢神经炎者，以及体虚、自汗、盗汗、多汗者也比较适合食用小麦。

燕麦

燕麦含有其他谷类所没有的皂苷和 B 族维生素，食用燕麦可以帮助人体产生褪黑激素，大量食用有利于睡眠。食用燕麦时一次不宜太多，否则会造成胃痉挛或腹胀，过多食用也容易滑肠、催产，所以孕妇应该忌食。

生菜

生菜中含有莴苣素，这种物质具有镇痛、催眠的作用，可辅助治疗神经衰弱，非常适合失眠患者食用。生菜性凉，体质寒凉、尿频、胃寒者少食。另外，不要食用过夜的熟生菜，以免亚硝酸盐中毒。

白菜

白菜性微寒、味甘，富含多种维生素及矿物质，具有养胃生津、除烦解渴等功效，对阴虚燥热导致的失眠有缓解作用。大白菜一般人群均可食用，但大白菜性偏寒凉，胃寒腹痛的人不能多吃。

胡萝卜

胡萝卜含有植物纤维，吸水性强，在肠道中容易膨胀，可加强肠道的蠕动，通便防癌，缓解压力，从而有利于改善失眠。大量胡萝卜素会引起闭经和抑制卵巢的正常排卵功能，因此，备孕的女性不宜多吃胡萝卜。

土豆

土豆富含淀粉，不仅具有养护胃肠道的作用，还能够清除妨碍色氨酸发挥催眠作用的酸化合物，有助于睡眠。土豆在消化过程中会产生较多气体，容易引起腹胀，因此不宜睡前太晚食用，以免产生腹胀感，妨碍正常睡眠。

山药

山药富含多种维生素、氨基酸和矿物质，有益心安神的作用，对脾胃虚弱所致失眠的患者，应该多食用山药。山药中含有一种黏液，有些人接触后会出现皮肤过敏、发痒，因此削山药皮和切山药时最好戴上一次性手套。

莲藕		莲藕的含糖量不算很高，又含有大量的维生素C及膳食纤维，食用后可增强体质、缓解压力，从而改善失眠症状。由于莲藕性偏凉，故产妇不宜过早食用，一般产后1～2周后再吃藕可以逐瘀。
莲子		莲子归脾、肾、心经，有清心安神、健脾止泻、益肾固精之功效，能改善心悸、失眠、多梦等症，适合失眠者食用。莲子的淀粉含量很高，大便干结难解者或者容易腹胀之人应少食或不食莲子，以免加重不适。
百合		百合入心经，性微寒，能清心除烦、宁心安神，可用于热病后神思恍惚、失眠多梦、心情抑郁、喜悲欲哭等病症。百合尤其适合体虚肺弱、更年期者食用，但其性微寒，风寒咳嗽、脾虚便溏者忌食。
马蹄		马蹄性凉，可清热凉血，且马蹄富含维生素C、膳食纤维、钙等营养物质，可加强肠道蠕动，缓解压力，改善失眠。马蹄不要经常生吃。常吃生马蹄，其中的姜片虫会进入人体并附在肠黏膜上，造成肠道溃疡、腹泻或面部水肿等。
银耳		银耳滋润而不腻滞，并富含多种矿物质元素，其中铁和钙的含量最高，常食能滋阴润燥，改善阴虚导致的失眠症状。外感风寒者不宜食用银耳。冰糖银耳含糖量高，睡前不宜食用，以免血黏度增高。食用变质的银耳会引发中毒反应。

香菇

香菇铁元素含量很高，而缺铁是造成“不安腿综合征”的原因之一，这种病可导致患者入眠困难、易醒、睡眠质量差。干香菇要泡发完全，而且泡发过的水不要丢掉，可用来煮汤或者做高汤。

猕猴桃

猕猴桃中维生素 C 的含量非常高，维生素 C 具有稳定紧张情绪、舒缓压力的作用，适量进食猕猴桃可改善睡眠状况。猕猴桃性寒，易引起腹泻，故不宜过多食用。脾胃虚寒者慎食猕猴桃。先兆性流产、月经过多和尿频者忌食。

香蕉

香蕉能促进大脑分泌 5- 羟色胺，这种物质能促使人的心情变得快活和安宁，缓解紧张的情绪，尤其适合失眠患者食用。因香蕉含有大量钾，故胃酸过多、胃痛、消化不良、肾功能不全者应慎食。

黑芝麻

黑芝麻含有丰富的不饱和脂肪酸、维生素 E 和钙，这些营养成分都有助眠作用，常食可显著改善睡眠质量。黑芝麻外面有一层稍硬的蜡，把它碾碎后食用，人体才能吸收黑芝麻的营养，所以芝麻最好加工后再吃。

大枣

大枣能滋养气血，改善因身体虚弱导致的失眠、倦怠乏力等症。此外，大枣中还含有一种糖苷，具有镇静作用。脾胃虚弱者生吃大枣会分泌过多胃酸，导致胃痛，因此建议熟吃大枣。另外，大枣的枣皮很难消化，需要细嚼慢咽。

杏仁

杏仁含有较多的色氨酸和镁，色氨酸是一种可以促进睡眠的神经递质，镁可以舒缓肌肉紧张，食用后对睡眠有益。呼吸系统有问题者、癌症患者及接受化疗的人适合食用甜杏仁，但泻痢便溏、阴虚咳嗽及邪实痰多者不宜食用。

核桃

核桃富含蛋白质和不饱和脂肪酸，这些成分是大脑组织细胞代谢的重要物质，能滋养脑细胞，增强脑功能，改善睡眠质量。核桃仁油腻滑肠，泄泻者慎食；此外，核桃仁易生痰动风助火，痰热喘咳及阴虚有热者忌食。

鸡蛋

鸡蛋中含有丰富的卵磷脂及钙、维生素A、B族维生素，这些成分对增强神经系统功能大有裨益，有助睡眠。在煎、炒、烹、炸、煮、蒸等各种食法中，以煮、蒸较好，并注意宜嫩不宜老，这样容易消化吸收。

牛奶

牛奶中含有两种催眠物质：一种是能促进大脑神经细胞分泌出使人昏昏欲睡的神经递质5-羟色胺；另一种是对生理功能具有调节作用的肽类，其中的类鸦片肽可以和中枢神经结合，发挥类似鸦片的麻醉、镇痛作用，让人感到全身舒适，有利于消除疲劳并入睡。

海参

海参中精氨酸含量很高，因此对神经衰弱有特殊疗效。此外，海参中的烟酸、钙、牛磺酸等对消除大脑疲劳也有一定的作用。急性肠炎、菌痢、感冒、咳痰、气喘及大便溏薄、出血兼有瘀滞及湿邪阻滞的患者忌食海参。